QUANTUM

量　子
大趋势

张庆瑞　著

中国出版集团
中译出版社

图书在版编目（CIP）数据

量子大趋势 / 张庆瑞著 . -- 北京 : 中译出版社，
2023.1

ISBN 978-7-5001-7239-0

Ⅰ . ①量… Ⅱ . ①张… Ⅲ . ①量子论 Ⅳ . ① O413

中国版本图书馆 CIP 数据核字（2022）第 222239 号

量子大趋势
LIANGZI DA QUSHI

著　　者：张庆瑞
策划编辑：于　宇　华楠楠
责任编辑：于　宇
文字编辑：华楠楠
营销编辑：马　萱　纪菁菁
出版发行：中译出版社
地　　址：北京市西城区新街口外大街 28 号 102 号楼 4 层
电　　话：（010）68002494（编辑部）
邮　　编：100088
电子邮箱：book@ctph.com.cn
网　　址：http://www.ctph.com.cn

印　　刷：中煤（北京）印务有限公司
经　　销：新华书店
规　　格：710 mm×1000 mm　1/16
印　　张：20.5
字　　数：192 千字
版　　次：2023 年 1 月第 1 版
印　　次：2023 年 1 月第 1 次印刷

ISBN 978-7-5001-7239-0　　　　　定价：78.00 元

中 译 出 版 社

序 一

在历史上，1922 年是物理学的重要转折点。在这之前，量子理论仅仅是包含一系列假说或提出某些类似古典结构的理论，还不足以解释新的实验现象；在这之后，由于三位新一代科学家的贡献，量子力学理论得以诞生，并呈现迅猛发展的势态。这三位新一代科学家是德国的沃纳·海森堡（Werner Heisenberg，1901—1976 年）、奥地利的埃尔温·薛定谔（Erwin Schrödinger，1887—1961 年）和英国的保罗·狄拉克（Paul Dirac，1902—1984 年）。其中，以薛定谔为代表的"波动力学"，以海森堡为代表的"矩阵力学"和"不确定原理"，以及狄拉克的"狄拉克方程"和"量子辐射理论"，都为量子力学的发展提供了新的理论平台。1927 年，第五届索尔维会议（Conseils Solvay）在布鲁塞尔举行，29 名来自世界各地的顶尖科学家，包括尼尔斯·玻尔（Niels Bohr，1885—1962 年）、阿诺德·索末菲（Arnold Sommerfeld，1868—1951 年）、沃尔夫冈·泡利（Wolfgang Pauli，1900—1958 年）、阿尔伯特·爱因斯坦（Albert Einstein，1879—1955 年）等老一代科学家以及以海森堡、狄拉克、薛定谔为代表的新生代科学家齐聚一堂。在这次会议上，他们的理论不断更新，形成了对量子力学的全新认知，深刻影响了之后半个多世纪量子力学的演变和发展。

量子力学既是颠覆性的物理学革命，也是深刻的思想革命。在过去的 90 多年间，量子力学与爱因斯坦相对论不断地颠覆人们对现实世界的常识性观念，解释牛顿物理定律所不能解释的一切自然和物理现象，帮助人们重新建立思考从宏观世界到微观世界、从宇宙演化到生命科学的思想框架，使人们接受人类本身就是"量子人"这样的事实。如今不得不承认，"这个理论中没有一个预言被证明是错误的"。

量子力学的发展历史波澜壮阔，常常被划分为两个阶段："第一次量子科技革命"和"第二次量子科技革命"。

"第一次量子科技革命"始于 20 世纪初，截止于 20 世纪八九十年代。之后，"第二次量子科技革命"开始。"第一次量子科技革命"完成了量子力学理论框架的构建，描述了量子力学的基本特征，实现了量子力学与数学、化学、生物学和宇宙学的结合，同时为核武器、激光、晶体管等技术提供了理论依据。

开始于 20 世纪末的"第二次量子科技革命"的核心是实现量子科技的全方位突破，致力于开发基于量子力学本身的量子器件和技术，包括公认的量子计算、量子通信和量子精密测量三大领域。其中，超导量子计算技术和光量子计算技术最具挑战性。在"第二次量子科技革命"中，发生了一系列具有里程碑意义的事件。2008 年 9 月，在瑞士和法国的交界——侏罗山，有条总长17 英里①（含环形隧道）的隧道，世界上最大、能量最高的粒子加

---

① 1 英里 ≈1.61 千米。

速器——质子加速对撞的高能物理设备在此正式启动测试。这次测试是研究人员将一个质子束以顺时针方向注入加速器中，让其加速到 99.9998% 光速的超快速度。截至 2010 年，参与该项目的科学家表示，该质子束可能已经"接近"希格斯玻色子。希格斯玻色子也被喻为"上帝粒子"，在大爆炸之后的宇宙形成过程中扮演过重要角色。

近年来，量子科技在量子精密测量、量子计算、量子通信、量子网络和时间晶体等领域都取得了长足发展。在量子精密测量领域，新型超灵敏量子精密测量技术的突破，开启了暗物质实验的直接搜寻。在量子计算领域，2021 年 11 月，国际商业机器公司（IBM）宣布推出 127 个量子比特处理器"Eagle"，创下了当时全球最高纪录。此外，IBM 在 2022 年 11 月推出具有 433 个量子位的"Osprey"量子系统，与前一代 Eagle 量子处理器相比，IBM Osprey 的性能提高了十倍。IBM 预计在 2023 年推出有 1 121 个量子位的"Condor"处理器。2021 年年底，媒体报道了《世界第一个量子计算 OS 取得突破，步入集成电路》《谷歌（Google）80 多位顶级物理学家合作，用量子计算机造出时间晶体》两则新闻。2022 年 6 月，澳大利亚量子计算公司 SQC（Silicon Quantum Computing）宣布推出世界上第一个量子集成电路。这是一个体量在量子尺度上，却包含经典计算机芯片上所有基本组件的电路。在量子通信领域，中国科学技术大学潘建伟研究团队发射了量子科学实验卫星；中国科学技术大学、国科量子通信网络有限公司和上海交通大学等单位组成的联合团队，英国电信与东芝组成合作团队，在量子密钥分发（QKD）、后量子密码（PQC）以及"QKD+PQC"融合方面，都有显著突破。在量子物理领域，荷兰代尔夫特理工大学 R. Hanson 研究团队在实验内构建了一个基于金刚石色心量子比特的三节点量子纠缠网络。在模拟时间晶体领域，谷歌的 Sycamore 量子计算机（Quantum Computer）实现模拟时间晶体，这是一种在周期性循环中永久演变的量子系统，结束了现阶段量子计算机局限于简单计算功能的局面。

当下的"第二次量子科技革命"方兴未艾，甚至激动人心。量子技术在国家和全球范围内取得的进展超出了预期。量子科技处于加速度的关键时刻。量子计算机有望比经典计算机快数千倍，甚至数百万倍，而执行计算的效率远高于目前最强大的经典计算机。在量子计算领域，未来 20 年是关键，2040 年前后将产生可打破当前加密算法的量子计算机。因此，近年来，出现了"量子霸权"和"量子优势"的概念。量子科技显现了其日益重要的前沿地位和战略意义，量子科技革命将成为未来全球算力分配的关键，全球量子竞赛正在成为一场新的"太空竞赛"，构成科学、资本和权力以及科学家、投资家、政治家和企业家前所未有的交集点。

可以预见，基于量子技术的量子竞争，将会改变人类现有的生产和生活方式，甚至影响世界格局。当量子科技的发展与区块链、大数据、云计算、人工智能、加密货币以及智能制造和物联网实现紧密结合后，量子计算将加速人工智能的发展，并将促进深度学习和神经网络的研究，量子技术所实现的复杂分子模拟，很可能改变人类未来的走向。人类已经进入量子力学和量子技术与每个人息息相关的时代。未来，全球传统产业的数字化转型将纳入量子化因素。一个以量子计算、量子通信和量子网络为核心的量子产业体系和产业生态正在悄然形成。

现在问题是，正如物理学家卡尔·萨根（Carl Sagan）所说："我们生活在一个离不开科学和技术的社会，但却很少有人了解科学和技术。"大部分人很少关注，也很难理解量子力学和量子科技的重大进展和突破。这种情况亟须改变。因此，普及量子力学和量子科技教育，将成为当今各国需要正视和解决的历史性课题。

最近，诺贝尔奖委员会宣布将 2022 年物理学奖颁给法国物理学家阿兰·阿斯佩（Alain Aspect）、美国物理学家约翰·弗朗西斯·克劳泽（John F. Clauser）和奥地利物理学家安东·蔡林格（Anton Zeilinger），以表彰他们"用纠缠光子验证了量子不遵循贝尔不等式，开创了量子信息学"。量子信息学的核心内容包括量子信息论、量子通信、量子计算、量子密码、量子模拟和量子度量。所以，诺贝尔物理学奖委员会主席安德斯·伊尔巴克（Anders Irbäck）说："越来越明显的是，一种新的量子技术正在出现。我们可以看到，获奖者对纠缠态的研究非常重要，甚至超越了解释量子力学的基本问题。"

正是在量子科技从理论进入实践这个激动人心的时候，张庆瑞教授《量子大趋势》一书的出版，是及时的。本书的特点是：精心和细致的结构设计，对量子科技的科学原理作了系统和深入浅出的介绍，对相关技术做了具有操作性的说明，并配合必要的图解以及颇具文学性的文字。在量子科技领域，这是最值得阅读的一本著作，在阅读的过程中使人体会一种学习的享受。值得强调的是，在这本书中，张庆瑞教授就如何将量子科技教育纳入现代教育，如何将其从中学延续到大学，提出了他的方案，并以他的实验作为支持。最令人触动的是，张庆瑞教授将年轻人和 Q 世代紧密结合在一起，他说道："这是个有史以来从未碰过的崭新的量子时代的开始，因为一切都是量子新实验，只有自己开垦与探索，量子'淘金热'远比半导体与网络时代更精彩、更具竞争性。年轻的读者，努力'翻滚'吧！在这个灿烂的世界量子舞台，在'量子未来'，年轻一代，不论是在 Z 世代，甚至是在 α 世代，都会创造出比战后'婴儿潮'那个古典世代更加百倍的辉煌。"

朱嘉明

经济学家

横琴数链数字金融研究院学术与技术委员会主席

2022 年 6 月修订于北京

序 二

20 世纪初诞生了两门革命性的物理学：相对论与量子力学。到了 20 世纪中期，这两个革命性的物理领域一方面在学术上已日臻成熟，另一方面也给人类社会发展带来了根本性的变革。相对论是原理性的学问，相对性原理乃为物理学各领域包括量子力学应秉持之基本原则，早在 1928 年便有了相对论量子力学方程，并由此预言了反粒子的存在。量子力学则是构造性的学问，是于经典力学、热力学、光学、电动力学、原子物理以及后来的原子核物理之上的一种理论构建。自 1900 年光量子假说提出，算是有了量子论；1924 年量子力学，即"Quantenmechanik"一词第一次出现；1925 年有了量子场论与量子统计；1927 年量子力学波函数变换加入规范变换有了规范场论；量子力学，包括后续的量子场论、量子电动力学、量子色动力学等，就构成了当代物理学一个庞大的也是令人望而却步的基础学科。量子力学的构建经历了无数的头脑风暴，其间一大批杰出的物理学家做出了各自引以为傲的贡献。

量子力学从一开始就和工业有着密切的联系。光能量量子化的假设是为了解释黑体辐射谱分布，而黑体辐射问题则是在 1860 年由热心参与工业应用研究的著名物理学家亥姆霍兹（Helmholtz）提出，因为灯丝制作和炼钢等工业需求才得以深入研究。另外，作为引发量子论关键一步的氢原子光谱线的诠释，则来自放电研究——这与基于放电过程的光源研究有关，在此方向上的研究还导致了 X 射线和电子的发现，而电子和光则是量子力学的主角。当 1927 年量子力学初步成形时，同年的第五次索尔维会议的主题即是光与电子。光与电子不只是接下来的第三次工业革命的主角，在人类对物质持续开发利用的进程中，光与电子恐怕是永恒的主题。

量子力学甫一建立，就对物理学以及其他自然科学领域和工业技术领域带来了意想不到的冲击。薛定谔方程建立伊始，其应用于氢原子即得到了原子中电子能量的三量子数表示。加上泡利的不相容原理，原子中电子能量的四量子数表示意味着对应任何量子数 n 可容纳的电子总数为 $2n^2$。这个量子力学习题式的结果竟然解释了元素周期表的结构！量子力学带来崭新工业门类的一个成就是固体能带论。异于金属导电行为的物质早在 19 世纪初即已为研究者所关注，1910 年"半导体"一词出现。然而，尤金·保罗·维格纳（Eugene Paul Wigner）、费利克斯·布洛赫（Felix Bloch）等人在 20 世纪 30 年代末将群论视角下的量子力学应用于固体，发展出了能带理论，遂让半导体物理成了一门专门的学科，进而有了渗透到人类生活各个方面的半导体工业。实际上，基于量子力学的第三次工业革命带来了花样繁多、原理各异的电子学器件、光电器件以及光子学器件，尤其是计算机的发展与应用将人类社会带入了智能化的时代。进入 21 世纪，量子力学不仅继续带来更多类型的材料与器件，更是将电子和光作为信息载体的特征加以充分发挥。对电子和光的量子调控是"工业 4.0"的关键主题。霎那间，社会的发展仿佛处处带上了量子的烙印，国家间的竞争变成了量子科技竞赛。在这样一个技术高度发达的时代，量子力学理应成为受教育者以及合格的劳动者的知识标配。

台湾大学物理系张庆瑞教授长期从事物理学的教学与研究，尤其注重物理学的工业应用，在磁学、电子学、量子信息等领域多有建树，其投身工业领域之贡献也获得了工业界的高度赞赏。本书介绍量子计算、量子通信、量子传感器等量子科技的关键内容，呼吁我们的社会关注"第二次量子科技革命"的重要性。如张庆瑞教授所指出，量子知识与工程技术再次结合的"第二次量子科技革命"将提供更快速、更有效、更敏感的量子器件来加速社会发展。在 21 世纪的"第二次量子科技革命"中，人类会进一步使用量子科学以架构量子工程，制作出自然界没有的材料与组件，进而组合出崭新的量子机器来造福人类！通过本书，读者将获取对未来量子科技产业以及对人类社会影响的大致了解，熟悉一些必将成为生活常识的量子知识。

作为长期投身于工业应用研究领域的物理学家，张庆瑞教授敏锐地注意到量子科技时代的应用研究与教育的新特色。他预言，对应前三次工业革命分别诞生的工学院、电机学院和信息学院等大学院系的设置，新量子科技时代呼唤量子科技学院的设立，其学科属性值得及早谋划。中国人错过了前三次工业革命，在"工业 4.0"时代幸而得以跻身发展前列，实属不易。对于"第二次量子科技革命"或者量子科技时代，作者期望我们主动参与这个新赛场上的角逐，在量子科技时代为人类做出应有的贡献。拳拳之心，尽在字里行间。

张庆瑞教授身为教育者，深知先进技术领域之学术基础渗透进社会意识的重要性，故而特地将量子科技教育着墨于最后一章。他不只是提倡量子概念的早期教育，更是注意到游戏、科幻在量子科技的大众教育中可扮演重要角色。他期盼早日把量子科技概念化为人们的生活常识。新时代的人要有量子科技的意识，哪怕仅仅是出于量子科技受益者的自觉！相信本书必将有助于量子科技概念在中国大地上的推广与普及。

张庆瑞教授乃学界翘楚，注重学术的工业应用，又具有深厚的传统文化功底，这便成就了当前这本著作一种少见的特色：严谨、实用却又不失有趣。一本量子科技著作，其作者既通晓严谨的量子理论，也对基于量子的科幻作品知之甚详；既能谈论量子加密协议，又能将典籍中古人的加密技巧信手拈来，这样的作者与作品皆称罕有。

承蒙张教授作序之邀，得享先睹之快，与有荣焉。

曹则贤

中国科学院物理研究所研究员

2022 年 8 月 22 日于北京

张开双臂，拥抱量子时代

　　"'第二次量子科技革命'的战鼓已敲响！"世界顶尖科学杂志《自然》（*Nature*）如是说。1900 年，德国物理学家马克斯·普朗克（Max Planck）为了克服经典理论解释黑体辐射规律的困难而引入了能量子的概念，由此拉开了 20 世纪初量子物理学革命的帷幕，量子力学也以我们无法想象的速度推动着社会前进。"第一次量子科技革命"催生了现代信息技术，将人类从工业时代带入信息时代，工作效率也以几何式增长；而正在发生的"第二次量子科技革命"则标志着人类在信息技术领域进入一个崭新的起点，突破经典技术的物理极限进入量子时代。

　　随着人类对量子计算、量子通信和量子精密测量等领域的不断探索，量子力学已成为人类社会跨越式发展的新动能。习近平总书记在中共中央政治局第二十四次集体学习时强调："要充分认识推动量子科技发展的重要性和紧迫性，加强量子科技发展战略谋划和系统布局，把握大趋势，下好先手棋。"毫无疑问，量子技术目前已经是各国争相攀登的"珠穆朗玛峰"之一。人类对量子微观世界认识的飞跃将对宏观世界造成巨大冲击，量子技术将对许多传统技术形成碾压式优势，掌握量子技术就意味着拥有未来发展中若干领域的绝对优势，这也是张庆瑞教授强调"必须立即相信量子、学习量子、使用量子"的原因。

目前，中国、美国、德国、加拿大、荷兰、日本等国家纷纷在量子科技发展、技术研发、人才培养和产业化落地等方面投入大量资源，该领域的竞争逐渐进入白热化阶段。得益于对量子技术的重视与超前布局，中国在量子科技领域已实现从跟随、并行到部分领跑的跨越式发展，目前的基础研究能力位于第一方阵，成为后硅谷时代——量子谷（Quantum Valley）建设的主力之一。量子反常霍尔效应的实验发现、"九章"量子计算机的问世、"墨子号"卫星的发射都证明了中华民族有智慧、有能力在量子领域为人类做出伟大贡献。

虽然中国在量子领域已取得许多不菲成绩，但诺贝尔奖获得者、美国物理学家默里·盖尔曼（Murray Gell-Mann）曾感叹："量子力学是一门神秘的、令人捉摸不透的学科。对此，我们谁都谈不上真正理解，只是知道怎样去运用它。"可见量子力学的研究任重道远，不仅需要国家持续加大对该领域的资源投入，科学布局规划量子研究战略，夯实量子研究基础，而且更需要从高校、科研机构，甚至是从中小学层面培养和挖掘更多优秀的量子科技人才，特别是针对即将成为量子时代接班人的年轻一代，相关知识普及和兴趣培养便显得尤为重要。

也许是量子力学常常予以人们晦涩难懂、神秘玄幻的印象，让许多年轻人望而却步，妨碍了量子知识的普及和人才梯队的搭建，本书很好地解决了这一问题。张庆瑞教授沿着量子理论的发展脉络，以讲故事的形式阐述了从"量子论"的诞生到两场世纪大争论，并通过生动有趣的语言和图文并茂的形式，从历史、技术、全球格局、产业发展等多维度介绍了量子力学的基本知识和发展前景。本书还列举了许多贴近日常生活的例子，如将量子计算机技术和量子通信技术比作我们熟悉的"矛"和"盾"，形象、直白地演绎了量子技术的博弈态势，内容引人入胜、简单易懂，将量子科技的魅力淋漓尽致地展现在读者面前，是一本不可多得的培养民众量子素养的科普著作。

本书也是一本优美的文学作品。特别是每章以中外经典诗句开头、末尾以张教授的原创诗句结尾，彰显了张教授不仅是一位优秀的科学家，也是一位拥有深厚的中华文化底蕴和文学造诣的作家。本书在形容量子力学的测不准原理时，引用了王阳明的名句："你未看此花时，此花与汝心同归于寂；你来看此花时，则此花颜色一时明白起来。"通过大量引经据典阐释量子力学的内在逻辑，利用我们熟悉的中华文化使得深奥的量子力学化繁为简，完美结合了科学的奥妙与文学的优美。我相信，不管是正在从事量子力学研究的参与者，还是其他领域的旁观者，阅读本书不仅能对量子科技有更深一步的认识，为迎接正在降临的量子时代做好准备，还能从这本书的字里行间得到美的熏陶。

读者朋友们，我们是幸运的一代，不仅因为现代科技为我们带来了空前繁荣的物质和精神生活，而且我们将是人类社会从经典技术时代步入量子时代的见证者、参与者、受益者。正如本书所说："量子固自然，功能盖古今。"新时代对人类社会的改造将超出所有人，包括像我一样长期从事量子物理学研究的科学家的想象。让我们以阅读本书为起点，一步步接近量子，一步步了解量子，一起张开双臂，拥抱量子时代！

薛其坤

南方科技大学校长

清华大学教授

北京量子信息科学研究院院长

2022 年 8 月 26 日

序　四

初识台湾大学张庆瑞教授，是在 2019 年 11 月 30 日的"羊城"广州。其时，在经济学教授朱嘉明主办的"量子计算与区块链技术交流会"上，有幸与张教授结缘。次年 6 月 5 日，本人应邀参观在"台大"旧物理馆地址上重建的原子核实验室。在张教授的介绍下，让我对台湾早期核物理发展的历史有了深入的了解。在这几次接触中，张教授深厚的人文科学素养及精神内涵，都给我留下了极其深刻的印象。

欣闻张教授新书《量子大趋势》近期将在大陆付梓，并邀请我作序，备感期待与荣幸。近年来，量子科技蓬勃发展，量子计算已从理论研究向工程及应用层面飞速演进，并在全球范围内形成趋势。事实上，在数千年的中华传统文化中，早已蕴含着量子物理的朴素内涵与丰富潜能，比如老子《道德经》中的"道生一，一生二，二生三，三生万物"，以及李白《春夜宴桃李园序》中的"夫天地者，万物之逆旅；光阴者，百代之过客。而浮生若梦，为欢几何？"。这些跨越千年历史长河的中华文化，穿越时空与量子世界纠缠叠加，闪现着人类的智慧之光。

长期以来，张教授大力推动量子教育的普及化，成立了台湾量子计算机暨信息科技协会，并且与鸿海教育基金会合作，举办暑期高中量子计算学习营，协助翻译量子高中教材。同时，也与"台大""中原大学"及高中职合办相关课程与活动，让量子计算教育往下扎根，育人精神令人钦佩。在《量子大趋势》这本书里，张教授也运用大量中华文化的例子来解释违反常识的量子现象，从人文视角为读者呈现出量子世界的另一面。

如同量子计算推动算力从 0 到 1 再到 ∞，近年来富士康科技集团也在积极推动"3+3= ∞"的战略转型。天下万般学问，殊途同归，公司治理同样如此。这种对中华传统文化内化的交流，也促进了我们更深层次的携手合作。目前，张教授已担任鸿海研究院量子领域的咨询委员，并为鸿海量子研究所举荐良材，擘划方向。我相信，富士康跟张教授在量子科技教育的携手合作，目前只是开端。

"量子世纪到了，相信它、学习它、使用它。"正如张教授在书中所述，如何认知量子发展的现象以及背后逻辑，并搭上"第二次量子科技革命"高速列车，加以创新应用创造价值，我相信在这本书里，大家都能有所收获。

刘扬伟

富士康科技集团董事长

2022 年 12 月 15 日

序　五

受张庆瑞教授邀请为其《量子大趋势》一书中做序，深感荣幸，能"抢鲜"拜读新作，受益良多。近些年，"量子"题材的书籍、文作随着量子热潮层出不穷。拿到《量子大趋势》，我花了两个晚上可谓一气读完，酣畅淋漓同时诸多感同身受。

从 20 世纪初量子力学的提出，特别是 1927 年第五届索尔维会议奠定量子科学的思想逻辑，距今已近百年，期间涌现了普朗克、爱因斯坦、波尔、薛定谔、海森堡等一大批杰出的物理学家。张教授用故事叙述的方式串起了一条清晰的量子科学发展时间纵轴，演绎了大师们的骈肩纠缠。2022 年诺贝尔物理学众望所归，颁发给了量子信息领域的三位科学家阿兰·阿斯佩（Alan Aspect)、约翰·弗朗西斯·克劳泽（John F. Clauser）和安东·塞林格（Anton Zeilinger）。他们通过光子纠缠实验确定贝尔不等式在量子世界中不成立，否定了爱因斯坦对量子力学的否定，为这场百年"纠缠"画上了一个漂亮的休止符，也预示着量子信息科学打开了新篇章。

与此同时，全球产业界已悄然掀起了"第二次量子科技革命"，第五次工业革命初见端倪，张教授认为"量子霸权已经降临"。相比科学研究，张教授把量子产业变革作为本书开篇的第一部分，充分彰显了教授对量子技术发展的敏锐洞察和深刻理解。从美国、中国、加拿大、欧盟国家、日本、韩国、澳大利亚、以色列等各国家的量子科技竞相角逐，到谷歌、IBM、英特尔、微软、霍尼韦尔、Rigetti、IonQ、本源量子、国盾量子、国仪量子等科技巨头、科技新贵的量子优势竞争，张教授勾勒出了一张世界格局的横轴网络，大家都越来越清楚"未来世界霸权会因量子科技而重新分配与洗牌"的大趋势。由于量子计算是未来颠覆性变革的重要机会，除了原有科技大国全力推动量子计算希望带动新兴产业的未来，许多新兴国家与企业也希望能趁此良机"换道超车"，纷纷投入量子竞赛中。

作为一名师者，张教授在本书中浅显易懂地表达出"高深莫测"的量子知识，这是第一个亮点，如把光谱比喻成物质的指纹；用煮速冻水饺的程序来说明什么是算法；介绍深奥的Deutsch-Jozsa算法时，用经典球售货机的原理来帮助理解；用"地穴中的周期时钟"来解释神奇的量子傅里叶变换找寻周期的逻辑，等等。这些亮点满负着张教授多年的思索精华，我想以后在向普罗大众介绍"量子"时，也定会用上这些有趣而实用的事例。本书最后一个篇章，谈及量子教育的问题，张教授从幼儿启蒙教育，到Q12教育和大学教育，再到职业教育，与时俱进用"时髦"的童话故事、科幻电影、量子游戏等形式解读和推广量子知识，令人耳目一新。

　　《量子大趋势》中张教授不拘泥于对量子科学知识的过多解释，而把更多的笔墨用来普及量子产业技术认知推广，这是第二个亮点。比如，写到量子计算机的部分，张教授展开解释了实现量子计算的各种技术途径：超导体回路、离子阱与冷原子、光子、硅基量子比特、拓扑量子、金刚石 NV 色心、核磁共振等，以及开展对应技术的代表性团队，让读者们有更为直观的了解。我们知道，"第二次量子科技革命"最大的特点就是人类开始试图用各种几乎趋尽极限的技术去操控微观粒子，比如在介绍量子计算机如何构建的章节中，张教授重点介绍了低温（极低温）电子学、电路量子电动力学（cQED），以及量子电子设计自动化设计（QEDA）。这些工程化技术的阐述在量子科普读本中难能可贵，"量子科技已经由研究转化为工程阶段，亟须大量工程师参与开发工作"。

　　本书的还有一个亮点，就是张教授在文中多处鲜明表达着量子技术革命给予中国一次"换道超车"机遇的观点，要有"八百科技铁骑"突破全球科技封锁，再建量子时代的"汉唐盛世"的豪情，这让身为中国第一代量子拓荒者的我们热血沸腾、倍感鼓舞，诚如当前学界、产业界形容的，量子技术是数百年来中国在科技领域中鲜有的能从原点起去参与国际竞争的赛道。每一个量子科技工作者都要有"为国守赛道"的担当。张教授在文中多次提及本源量子开展的工作，给予肯定的同时也寄于期望，让我们感受着任重道远的责任。量子计算被喻为"信息领域的核武器"，本源量了创始人郭光灿院士在创始之初就对团队提出，要秉承科大人"两弹一星"的精神，自主可控地把量子计算机制造出来并服务人类，牢牢地咬住国际最强团队。在此共勉。

最后，很喜欢张庆瑞教授为每个篇章自赋诗词，展现了教授深厚的国学造诣。如特别用汉字"金、木、水、火、土"构建的汉字矩阵，惊为天人。相信广大读者们看到《量子大趋势》时，定会喜不自禁、如获至宝。

张辉

本源量子计算科技有限责任公司总经理

郭国平

中国科学技术大学教授、本源量子首席科学家

2022 年 12 月于合肥

由量子了解宇宙，借科技改变世界

人类在地球上活跃了许久后，在由无数人凝聚的生活经验中萃取出历史知识的精华中，首先诞生的是最经济实惠的脑部哲学思维与纸笔运算的数学。在炼金致富与求长生不老的欲望驱使下，人类利用化学合成了许多物质。苹果成熟后自然落地，奇妙的偶然敲开了牛顿脑中的深层智慧，一举揭开宇宙运行法则的物理奥秘。知识在无数智者之间接棒式竞逐，宇宙神秘的面纱也随之逐渐揭开。科技文明在 20 世纪快速进步，不仅对世界产生了巨大影响，也造成了人口惊人增长，这种改变已经远远超越达尔文自然进化的正常速度。

伽利略吹响了丰饶之角为人类近代科学奠定了基础，牛顿的三大法则规范并阐述了经典世界的行为，海森堡、薛定谔等大师则开拓了另一个神奇的空间让量子驰骋。20 世纪初的量子论对现代生活的影响毋庸置疑，并已全面性地融入所有人的生活之中。你可能不知道量子能级的原理，每天使用的手机却依赖半导体才能工作；你也许不了解隧穿效应，闪存却是不可或缺的工具。对于大多数人而言，科学似乎神秘又遥远，但稍稍细想却能发现科学其实无处不在，人类早已习惯生存在现代科技的巨大影响之下。本书将为你提供对量子计算机、量子通信与量子感应的基本认识，学习在伟大的希尔伯特空间中的量子叠加、纠缠与测量的思维，架构出未来世纪的量子公民必备的素养。

在 20 世纪初期，量子科学最初由欧洲奠基而后逐渐成熟，并推动了近代人类对宇宙万事万物的深入了解。量子科学的许多概念与经典宏观世界确实存在着显著的不同，例如，量子化与不确定的概率概念不仅在科技上造成极大变化，而且在人文与哲学方面也引起诸多探讨。伴随第一次工业革命的发生，工学院出现；第二次工业革命时，则出现了电机学院；第三次工业革命期间，又出现了信息学院。目前这次量子革命的发生，必然引起量子科技学院的出现。2018 年，欧盟与世界正式启动"第二次量子科技革命"，各大公司戮力发展的崭新量子科技不仅将于未来数十年内快速推动人类文明的再进化，也将再度强力冲击人文与哲学的新思维。量子科技只有借助科学、技术、工程、艺术与数学多领域融合的综合教育（STEAM）才能真正实现全面发展。除了物理领域内的问题需有所突破外，跨领域学科的应用改变也是量子科技革命的重要成就。世界上任何现象用物理方法研究时，就变成了物理问题，物理学不仅有完整的基础理论，而且注重有效的分析方法。物理与化学结合，引出一个量子与材料化学的崭新时代。在生命科学中，分子生物学、遗传密码学、蛋白质折叠等各种新兴研究方兴未艾，透过物理工具让生命科学变得更图像化。物理与社会、经济理论的结合，使得复杂的金融数字转变成有系统、有组织的物理。21 世纪 STEAM 的量子科技交响乐将会使 20 世纪原有的各种知识独奏黯然失色。

本书旨在概述"第二次量子科技革命"的重要性,简单介绍了量子计算机、量子通信与量子传感器的出现,进而形成量子物联网的未来产业,以及现代公民应该具备哪些基本量子素养以面对时代的崭新变局。量子知识与工程技术再次结合的"第二次量子科技革命",将提供更快速、更有效、更敏感的量子设施来加速跨领域的探索,人类生活将比以前更舒适与便利。在 20 世纪的"第一次量子科技革命"中,人类从自然中学习量子科学,利用现有材料制作量子组件;在 21 世纪的"第二次量子科技革命"中,人类进一步使用量子科学架构量子工程,制作出自然所没有的材料与组件,组合出崭新的量子机器造福人类!这是一个辉煌的量子时代舞台,将要在地球上绽放出比过去经典物理时代更辉煌百倍的量子新时代。

历史需要正视,时间累积出文化,科学是人类活动的产物,也是绝对无法速成的,因此勇敢回顾历史可以照亮下一步前进的方向。20 世纪初,量子知识在欧洲出现,20 世纪至今,量子知识在美国发扬光大,21 世纪 20 年代人们开始进入"后硅谷时代",决战量子谷的号角已经吹响,世界的"量子九鼎"是否会由欧洲进入美洲成熟后,再移至亚洲而出现崭新面貌?在当今大力投资科技研究的背景下,只有努力在科学文化中建立起自我的再认识与群体自信心,才是逐鹿世界量子舞台的基石。"第二次量子科技革命"就好像刚开始的晚宴,盛装的主角们正要陆续登场。量子科技正在强烈呼唤:"不要逃避,放弃量子就是放弃未来!"通过本书,广大读者可以将困难的量子知识转化成生活常识,给自已一个接近量子的机会，就会了解"量子固自然，功能盖古今"。只有接受量子，使用量子，你才会成为标准的现代量子公民。这是千载难逢的盛会，不要犹豫，况且也没有时间犹豫，全量子时代意味着什么？宇宙的外围是否还存在着更宽阔的时空？先准备成为"第二次量子科技革命"的现代公民，你才有机会参与和掌握未来，并与现代科技世界里的量子公民融为一体！

最后，本书简体中文增修版能顺利完成，要感谢张中鸿先生协助检查书中量子诗的平仄对韵，以及感谢胡淳惠女士的行政协助。没有他们的帮忙，本书绝对不可能在短短几个月的时间内完成。当然，现代财经基金会黄辉珍董事长的支持是本书开始撰写的真正动力来源。简体中文增修版的部分章节校稿要感谢北京理工大学吴汉春教授、清华大学龙桂鲁教授，以及北京玻色量子科技有限公司的热心帮助。此外，因为新冠肺炎病毒疫情，半隔离的空档时间刚好让我有空儿静下心来，进行一段长时间的写作，否则很难想象这本书会拖到何时完稿。

张庆瑞

2021 年 12 月初稿

2022 年 6 月修订稿

目　录

第六章
量子算法

第七章
量子计算应用

第八章
量子计量学与量子传感器

第一章

量子霸权已经降临

量子世纪到了，相信它、学习它、使用它。

——张庆瑞

宇宙的历史就是巨大且持续进行的量子计算。

——［美国］赛斯·劳埃德（Seth Lloyd）

第一节 知识应用推动的历次科技革命

一、背景

近百年前，29 位世界顶级科学家因为一个连爱因斯坦都被难倒的量子概念而聚集在布鲁塞尔。如今，这个奇特概念已经转化为颠覆性科技，正在逐渐改变着我们的生活，连带现代公民的生活常识也将充满量子知识。

在快速变化的科技时代，不断创新是进步的重要动力。19 世纪末至 20 世纪初发展的量子论与量子力学是人类探索与掌握微观世界的重大突破。18 世纪在经历了以蒸汽机广泛运用为代表的工业革命后，科技便对人类生活与思想开始产生重大冲击，从 20 世纪到现在，声光机电的应用，更进一步地将人类生活推动到有史以来最辉煌与舒适的时刻。量子科技启动的"第二次量子科技革命"和产业革新，将让人类未来的生活更加便利与美好。

近年来，中国各项科技快速进步，在某些特定领域已经处于世界领先地位，不仅登月计划让国际社会刮目相看，而且 2015

年史蒂夫·纳迪斯（Steve Nadis）与丘成桐合著的《从万里长城到巨型对撞机：中国探索宇宙最深层奥秘的前景》（*From the Great Wall to the Great Collider*）[①]也强烈表达了中国的科技与经济实力确实已经发展到可以响应世界召唤与向历史负责的时候。目前，世界各国均积极投入量子科技的研发与人才培育，中美互争世界量子领导地位，科技新兴国家也试图"换道超车"。在量子科技快速兴起之际，如何掌握量子科技的基本价值，深入分析量子发展趋势，找寻适合中国特色发展的主轴，结合基础研究、本土科技和量子工程，将量子理论成果实用化，加强产学研的融合和创新，培育量子跨领域人才，是中国能否在21世纪真正建立科技产业优势，在量子科技领域争取领先地位的关键。

　　量子力学究竟有哪些神奇之处？我们可以简单地将宇宙分为两大类：遵守经典物理学的宏观世界和依循量子力学的微观世界。这两个世界存在截然不同的特性与运转法则。牛顿力学是经典物理世界的伟大发现之一。牛顿力学可精确地描述宏观世界，以及物体的所有状态和物理量。20世纪初，科学家又发现原子的结构可分为原子核及核外电子，所有电子围绕着原子核转动，但核外电子运动是否像地球绕太阳一样转动呢？物理学家注意到，微观世界的原子行为与宏观世界的行星其实很不一样，自此开始建立崭新的量子理论来描述微观物理现象。在许多科学家的集体努力下，量子力学逐渐建立并完善，电子不仅不是粒子，而且运行轨

---

① ［美］史蒂夫·纳迪斯，丘成桐.从万里长城到巨型对撞机：中国探索宇宙最深层奥秘的前景［M］.鲜于中之，何红建，译.北京：电子工业出版社，2016.

域也不是行星的椭圆形轨道。准确地说，电子在原子核外的轨域中以概率波方式出现，粒子的位置与动量无法同时确定，这是著名的海森堡不确定性原理（Heisenberg Uncertainty Principle）。在量子世界里，物体总是以概率波方式出现，这也是经典物理世界和量子物理世界的重大区别之一。微观粒子运动，例如原子、分子、光子等，都遵守量子力学，量子力学也是晶体管、激光、高温超导等近代科技的基础。

量子科技是物理和工程的完美结合，"第一次量子科技革命"为世界带来了半导体与光电产业，以及手机与物联网等改变现代生活的科技。"第二次量子科技革命"更将量子力学的各种特性，如量子纠缠（Quantum Entanglement）、量子叠加（Quantum Superposition）、非局域性（Non-Locality）、不可克隆性（No-Cloning）和量子测量（Quantum Measurement）等效应，应用在量子计算机、量子算法、量子传感器、量子通信及量子计算与仿真等高科技中。"第二次量子科技革命"的灵敏度与功能大举突破了"第一次量子科技革命"传统科技的极限，进而开辟了未来量子科技的新疆界。在介绍"第二次量子科技革命"之前，我们先回顾一下近代科技发展的历史。

二、工业革命的波浪

第一次工业革命（1760—1830 年）始于 1765 年英国人詹姆斯·瓦特（James Watt）改良蒸汽机，是以机器取代人力或兽力，用工厂量产代替个体生产的科技革命。在第一次工业革命发生后，人均 GDP 快速增加，可见科技确实大幅提升生产力。

第二次工业革命（1850 — 1920 年）由蒸汽时代进入电气时代，西欧、美国和日本在各领域都有巨大创新，同时发展出电气、化学、石油等近代产业。迈克尔·法拉第（Michael Faraday）提出的电磁感应成为电动机科技的基础。发电机及电动机的发明，叠加交流电长距离输电技术的成熟，使得电气工业迅速普及并广泛应用在生产和生活中。内燃机的出现促进了汽车和飞机工业的成长，同时也推动了石油工业的蓬勃发展。电话与无线电报的成功推广，改变了人类传递信息的方式，也大幅提高了生产效率，20 世纪初，人均 GDP 持续快速上升，这也是第二次工业革命的贡献。

第三次工业革命（1940 年至今）被称为电机信息革命，是继蒸汽革命和电力革命后的科技大跃进，以计算机、核能、因特网、生物医学工程的发明和应用为主要突破，也包括信息、新能源、新材料、生物科技等领域的数字革命。科学和技术的结合越密切，科技转化为生产力的速度就越快，各学科相互影响的程度也就越深。为应对复杂的新兴跨领域学问的快速变化，电机信息学院也成为 20 世纪至今的主流学院。第三次工业革命中，计算机的发明是一座重大的里程碑。计算机发展的主因是第二次世界大战（简称二战）期间的战争需要，弹道分析和核分裂研发的计算都需要高效率的计算工具，因此也为经典计算机的问世奠定了坚实基础，更加速了信息时代的来临。

随着量子科学发展成熟，科学家逐渐掌握微观规则，研发出凝聚态物理学来理解单原子到周期性排列的晶体原理，进而掌握导体、绝缘体、半导体的差异性，并为晶体管产业建立完整知识。1947 年，贝尔实验室的威廉·肖克莱（William Shockley）、约翰·巴丁（John Bardeen）、沃尔特·布拉顿（Walter Brattain）发明了晶体管，晶体管可以有效放大信号及开关功能，在 0 与 1 间快速切换，进行二进制运算。在使用晶体管后，经典计算机不仅指令周期加快，而且体积缩小，耗电量也降低。紧接着，在晶体管之后出现的超大规模集成电路（Very Large Scale Integrated Circuit，VLSI）和微处理器（Micro Processor），更是促成了个人计算机时代的来临。

半导体制程发展日新月异，芯片上可容纳的晶体管数目大约每隔 18 个月便增加一倍。在同样面积内，从 20 世纪 60 年代的不到 10 个晶体管增加到 20 世纪 80 年代的 10 万个晶体管，20 世纪 90 年代更是达到 1 000 万个。现今，晶圆厂的精密技术可以更轻易地达成数亿至数十亿个晶体管。集成电路上的晶体管数目指数上升现象被称为摩尔定律（Moore's Law）。随着摩尔定律的发展，量子隧穿效应与纳米科技越发重要，但也因为量子尺寸效应的限制而出现发展瓶颈。

因特网的建立，可以将各种类型的计算机彼此连接在网络上，因此数据传递更加便利。先进的芯片设计能力和人工智能的发达，促成机器间可以直接沟通交流，进一步开启了"工业 4.0"或物联网时代，也称"第四次工业革命"，也有人将其称为"工业 4.0"或是"生产力 4.0"时代。"工业 4.0"时代是智能型整合感控系统占主导地位的时代，不仅可以实现高度自动化，而且是可以主动排除生产障碍的物联网时代。物联网的技术核心是连接度（Connectivity），机器间通过数据交换互相沟通协调，更有效率地自动配置网络连接资源，将大量信息建构成智能的数字世界。结合中间超级计算机运算能力及终端传感器的边缘计算，随时收集网络上各种即时消息，利用高效能计算机与人工智能来做各种复杂分析与实时判断。如今的科技挑战是如何监控和确保物联网的优质服务不间断。分析海量数据与优化分配资源，需要高性能运算，但目前世界上最高效能的超级计算机仍不能满足人们对运算能力的渴望。

如图 1.1 所示，历次工业革命将人类科技不断推升，随之而来的是新知识的转化与新学院的诞生。量子科技的逐渐成熟，将催生量子科技学院并迎接人类史上"工业 4.0"之后可能即将面临的第五次工业革命。

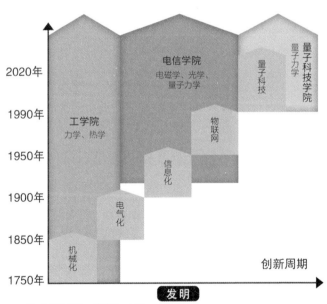

第一次工业革命：蒸汽机、火车
第二次工业革命：电机电力、铁路、钢铁、石化
第三次工业革命：核能、电子、电子计算机、数字网络、生物科技、软件信息科技
第四次工业革命：物联网
第五次工业革命：量子科技

图 1.1　历次工业革命如波浪般将人类科技不断推升

第二节 "第二次量子科技革命"出现的背景与特色

一、量子谷在哪里

20 世纪末到 21 世纪初，硅谷孕育出许多科技巨头和独角兽公司，目前世界正积极寻找新兴量子科技的量子谷。加拿大在 20 多年前就开始投入量子科技，技术与人力都相对成熟，滑铁卢① 已经成立量子谷来凝聚世界的资源与人力。2021 年 4 月，美国芝加哥地区成立了芝加哥量子交易所（Chicago Quantum Exchange），要创造全世界第一个量子科技育成中心，旨在变成下一个美国硅谷。量子科技育成中心的研究主要集中在量子计算、通信与传感三大商用化领域，支持量子初创公司进行产业应用开发，例如建立黑客无法攻击的"量子互联网"、研发量子计算机、探测细胞活动的医学传感器等。芝加哥大学的戴维·奥沙洛姆（David Awschalom）教授表示："量子科技很可能成为下一个热门行业，未来 10 年，美国将会释出 100 万个量子科技工程师的职位。"AT&T 公司与加州理工学院合作组建了量子技术联盟（AQT），其目标是将"工业、政府和学术界联合起来，以加快量子技术的发展和新

---

① 滑铁卢是加拿大安大略省南部的城市。

兴的实际应用"。荷兰也建设了量子三角洲（Quantum Delta），试图成为欧洲的量子谷。更进一步，最近由代尔夫特理工大学主导成立的"量子之家"（The House of Quantum）负责推动量子产业聚落。2021 年，德国"慕尼黑量子谷"（Munich Quantum Valleys）启动，以建立量子计算为方向，重点发展量子计算技术、安全通信方法和量子技术的基础研究。我国安徽省合肥市也出现了"量子大道"，有本源量子、国仪量子和国盾量子等公司分别从事量子计算机、量子传感器与量子通信相关产业与量子谷的建设。量子科技已经由学术研究悄然进化为产业生产，但一般人仍然常常在问："量子科技时代何时来临？"答案是量子霸权已经降临，必须立即相信量子、学习量子、使用量子。

二、"第一次量子科技革命"

在欧美于 2018 年宣布"第二次量子科技革命"即将来临后，随之而来的一个问题就是"第一次量子科技革命"是什么？目前的共识是单纯利用有限尺寸效应所产生的量子现象的应用科技就属于"第一次量子科技革命"的范畴。简言之，纳米科技大部分的内容均属于"第一次量子科技革命"，例如半导体的能带、纳米科技的隧穿效应等。具体的重要科技产品就是互补金属氧化物半导体（CMOS）、计算机、激光、发光二极管（LED）、太阳能电池、手机、因特网等。

三、"第二次量子科技革命"

"量子"这个词虽然深奥难懂，但现在已逐渐变成流行词汇，常以形容词的形式添加在现有词汇之前，这样便更容易造成一般大众的许多误解。在确定"第二次量子科技革命"范围之前，先来了解一下哪些事物是借着量子热潮来凑热闹或博人眼球的。

（一）有其名而无其实

有些词汇与量子的物理性质完全无关，其实很早就出现在社会各个阶层，例如"量子投资"和"量子跃迁"，只是代表事物突然变化的词。然而，最近出现更多奇怪的用法，如见面互相问候彼此"是否量子纠缠"，或是将商品冠上"量子"两字，但全然不知其功能为何。如"量子鞋垫""量子馒头""量子水稻""量子波动速读""量子水"等。这些只能说明社会风潮对量子出现迷思，也不知对"第二次量子科技革命"是否会有具体帮助。其实引用科技名词来吸引消费者的做法，很早以前就有。基本上是利用大众对高科技的憧憬与幻想，冠上时髦名词，例如"原子笔""太空被"等。

（二）有其名而有旧事实

确实有量子效应，但不是"第二次量子科技革命"强调的内容，主要是"量子限制效应"与"量子隧穿效应"两大类。纳米科技使物体尺寸越来越小，有限尺寸效应往往会导致"量子限制效应"。这是量子点发光的原理，所以使用量子点制作的电视，最近就被简称为"量子电视"。虽然也属于量子效应，但纯粹是新瓶装旧酒，无非是为了搭上这班"第二次量子科技革命"的快车，企图抓住外行人的眼球，创造营收而已。

（三）有其名又有新事实

"第二次量子科技革命"要利用量子纠缠、量子叠加与量子测量等进行创新应用，目前的世界趋势是，量子科技革命有以下四大研发方向。

1. 量子计算机：提供可编程的通用型计算机，利用量子叠加和纠缠态的优势，解决经典计算机无法处理的特定难题。

2. 量子计算：利用量子计算机来仿真自然界的复杂量子多体系统的反应，例如材料特性及化学反应，也可用于解决基础科学、材料发展、量子化学及产业界所遇到的各类问题。当然，社会中的海量数据的优化问题也是量子计算的重点方向。

3. 量子通信：具有防窃听的通信方式，以量子的不可克隆等特性进行计算、编码和信息传输以建立安全的通信网络。主要技术包括量子密钥分配（Quantum Key Distribution，QKD）、量子隐形传输（Quantum Teleportation）、量子安全直接通信（Quantum Secure Direct Communication，QSDC）等。

4. 量子精密测量：也就是量子传感器。利用量子叠加及量子纠缠开发新型量子感测组件，由于量子态对外界环境变化极其敏感，量子传感器的灵敏度及分辨率均可大幅突破经典极限。量子传感技术应用极广，在声、光、力、电、热各种领域都能发挥极大作用。

以上四大量子科技都发展成熟后，就可以结合在一起成为量子物联网。量子物联网将比现在的物联网要更敏感、更快速、更聪明且有效率。量子物联网上的量子技术可以提升计算能力，加强实时分析和优化速度，而防窃听的量子网则是量子物联网安全传输的最佳保证。

第三节　后硅谷时代的全球量子科技竞赛

"第二次量子科技革命"注重超越经典科技极限，即如何在传统工具中运用量子原理以增进其效能，或是开发全新的工具与技术。在"第二次量子科技革命"中有个重要观念需要知道，纳米尺寸的物体并不一定会具备量子纠缠等特性，必须使用量子叠加、量子纠缠与量子测量等特性来创造崭新功能的量子组件。不是单纯依赖摩尔定律的微缩技术持续进步就会出现"第二次量子科技革命"组件中的各种量子特征，其实只要能够掌握清楚物体特性，甚至亚微米技术都可以做出具备量子纠缠特性的量子组件。由于具备纠缠特性组件的性质远优于经典电子元器件，所以"第二次量子科技革命"的新型组件及量子计算方法将会带来更具破坏性与颠覆性的创新产业。

从近几年的趋势可看出，"第二次量子科技革命"正在世界各地蓬勃展开。由于基础科研的快速进展及应用量子科技的成熟，世界各国认识到，未来世界霸权会因量子科技而重新分配与洗牌。如同在 2019 年年底，《福布斯》（*Forbes*）杂志中的一篇文章中所提："我们正目睹一场量子竞赛，是由实验室取代战场，由大脑取代枪支，由科学家取代士兵的现代战争……如果美国失败，则长期影响将令人不寒而栗。"目前看来，这场隐形的科技世界竞赛正在如火如荼地进行中，现在不仅是超越科学家取代战士的阶段，而且是百万量子工程师大军真正面临硬碰硬的无声科技比拼。

截至 2021 年，世界各国的量子科技投入的研发资金总额已达 225 亿美元。目前除中国和美国在积极竞争量子科技的领先地位外，欧洲和亚洲其他传统科技强国也在积极追赶。更值得一提的是，有些科技新兴国家也勇于参与，目前量子科技虽有领先者，然而所有参与者都离起跑线不远，因此"换道超车"远比在半导体科技领域更有机会。为方便读者阅读本书，除中国和美国的发展近况外，有兴趣了解其余国家与地区之现况的读者可以自行参考本书附录一。

一、美国

20 世纪 90 年代后期，美国政府就开始资助探索量子科技如何协助美国国家安全保障的相关计划，此外，各大学及民间企

业也都在积极投入量子信息的相关研发。美国国家科学基金会
（NSF）于 2017 年公布的十大构想中的量子科技飞跃（Quantum
Leap），就是利用量子力学开发感测、计算、建模和通信的新量
子科技。在 2018 年美国国会通过《国家量子计划法案》（National
Quantum Initiative Act，NQI），将投入超过 12 亿美元预算，全
方位加速量子科技的研发与应用，在五年内加速量子技术的发
展，2019 年，美国成立国家量子倡议咨询委员会以加速量子信息
发展。2020 年 2 月，美国发布《美国量子网络的战略构想》，提
出美国将建设量子互联网，让大众能享受量子科技的便利。2020
年 7 月，美国能源部发布《量子互联网发展蓝图》，提出建立全
国性量子互联网的战略蓝图。2021 年，美国总统约瑟夫·拜登
（Joseph Biden）表示，将投入 1 800 亿美元用于"未来的研发和
产业"，其中包括量子计算机以及半导体。为便于与中国展开科
技竞争，美国参议院和众议院在 2021 年提出《无尽前沿法案》
（Endless Frontier Act），除了用于技术研究和科学的 1 120 亿美元
之外，还规划用 100 亿美元投资至少 10 座区域技术中心，以维
持美国在半导体与量子科技等技术领域的领先地位。2022 年 5 月，
美国总统拜登更是签署《国家安全备忘录》（National Security
Memorandum，NSM），指示美国必须保持在量子信息科学（QIS）
上的世界主导地位。IBM 及霍尼韦尔（Honeywell）在 2021 年年
初都宣布量子计算机的商用路程图，分别预期在 2023 年与 2028
年会有超过 1 000 量子比特的实用型量子计算机问世。IBM 在
2022 年宣布，4 000 个量子比特的商用量子计算机即将问世。

二、中国

中国是量子通信的领先国家之一，2011 年 12 月正式立项量子通信研发，在 2016 年便成功将世界第一颗量子科学实验卫星"墨子号"发射到太空，主要目的是进行太空与地面之间量子密钥分配的实验。2018 年，"墨子号"分别与中国兴隆、奥地利格拉茨地面站进行了超过 7 600 千米的星地量子密钥分配。2022 年，更是在相距 1 200 千米的云南丽江站和青海德令哈地面站之间进行量子态远程传输，向构建全球化量子信息处理和量子通信网络迈出重要一步。2022 年，清华大学教授龙桂鲁团队设计了一种相位量子态与时间戳量子态混合编码的量子直接通信新系统，实现了 100 千米量子直接通信，打破了"量子直接通信"的世界纪录。

2020 年 10 月 16 日，中共中央政治局就量子科技进行集体学习时强调，要充分认识推动量子科技发展的重要性和紧迫性，加强量子科技发展的战略谋划和系统布局。2020 年 12 月，中国科学技术大学宣布成功构建 76 个光子（Photons）的原型"九章"，中国成为第二个实现量子霸权（Quantum Supremacy[①]）的国家，开发团队称，求解 5 000 万个样本的高斯玻色取样问题时，"九

---

① "Quantum Supremacy"有翻译成量子霸权，也有认为应是"量子优势"。国外目前在量子有部分优势时用"Quantum Supremacy"，而在有全面量子优势时用"Quantum Advantage"，因此目前是处于"Quantum Supremacy"时代，而要等到通用型量子计算机出来时才是"Quantum Advantage"时代。本书仍采用"霸权"译法以强调各国量子竞争的现状。

章"只需 200 秒，而"富岳"^①需 6 亿年；当求解 100 亿个样本时，"九章"需 10 小时，而"富岳"需 1 200 亿年。在 2021 年 6 月，中国科学技术大学更是发布"祖冲之号"可编程的 56 个量子比特的超导量子计算机，将超级计算机需 8 年完成的任务缩短成 1.2 个小时完成，证明了量子运算的巨大优越性。2021 年年底，中国科学技术大学又成功研制"祖冲之二号"和"九章二号"，计算速度更快，在两种物理体系中均达到了"量子计算的优越性"。因此欧洲量子专家评估称，中国量子计算技术应已与美国并驾齐驱。2021 年的"十四五"规划纲要提出，要加快布局量子计算、量子通信等先进技术，目标是到 2030 年完成国家量子通信基础设施，开发通用量子计算机。据估计，中国政府已在量子技术上投资了至少 150 亿美元。在 2021 年 9 月，本源量子也不甘示弱地仿效 IBM 与 Honeywell 宣布量子计算机路程图，预计 2025 年推出 1 024 量子比特的量子计算机。合肥高新区有一条"量子大道"，国仪量子、国盾量子、本源量子等核心企业均落户于此。量子通信、量子计算、量子精密测量仪器等上中下游产业都聚集在百余米长的道路上，目前合肥高新区已聚集 40 多家"量子领域"的企业。2022 年，合肥高新区成立"量子科仪谷"，以打造"世界量子中心"为目标，建设"一核四园一城"。其中，"一核"是指以国家实验室为中心的"源头创新核"，"四园"是指以量子科仪谷为代表的四大产业集群组团，"一城"是指"量子未来科技城"。

---

① 富岳（Fugaku），日本研发的超级计算机。

第四节 量子计算机的分类与产业近况

一、量子计算机是什么

简单来说，量子运算就是将量子力学、线性代数和计算机理论结合在一起，充分利用量子叠加、纠缠与干涉等特性，展现出超越经典计算机的强大能力。目前，对于量子计算机的架构大致可分为以下四类。

1. 通用量子计算机：利用叠加与纠缠的特性和量子逻辑门进行可编程运算的计算机。
2. 量子特定功能计算机：分为量子退火计算机(Quantum Annealer)与量子类比模拟器（Quantum Analog Simulator）两大类。量子退火计算机利用量子组件的量子特性解决特定数学优化与图论等NP困难[①]（NP-Hard）问题。量子类比模拟器则是设计一个人工制作的可操控量子系统来模拟自然界的天然量子系统。
3. 量子启发式计算机：利用电子元器件模拟量子隧穿效应，专门处理优化的问题。

---

① NP困难问题是计算复杂性理论中最重要的复杂性类别之一。

4. 教育型量子计算机：由于量子比特计数非常有限，只有非常基本的量子计算教学功能。

敏感的量子状态很容易被外界的热扰动和电磁影响破坏，目前的主要做法是隔绝外界对量子系统的影响，将量子比特放置在接近绝对零度的环境中，以维持量子叠加与纠缠态，并延长相干时间。如图 1.2 所示，主要量子比特制作技术有超导体（Superconductor）、离子阱（Ion-Trapped）、冷原子（Cold Atom）、纳米金刚石 NV 色心（Nano-Diamond Nitrogen Vacancy）、量子点（Quantum Dot）、硅基量子比特（Si-Based Qubits）、拓扑量子（Topological Qubits）、光子集成电路（Photonics Integrated Circuit）及核磁共振（NMR）等，其中超导体、离子阱技术与光子集成电路的发展目前较为接近商业化。目前世界各国的大企业仍着力于通用型量子计算机（Liniversal Quantum Computing）的开发，进展请见附录二。

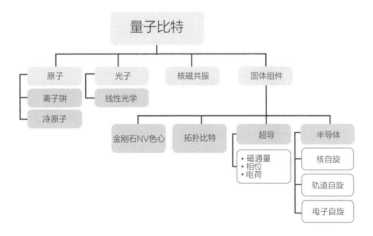

图 1.2 物理量子比特目前的主要制作技术

二、经典计算机的摩尔定律，量子计算机的罗斯定律（Rose Law）与尼文定律（Neven Law）

1949 年以来，经典计算机的能力呈指数级增长的现象被称为摩尔定律。1965 年，英特尔（Intel）联合创始人戈登·摩尔（Gordon Moore）注意到，在集成电路上的晶体管数量定期翻倍。1975 年，摩尔进一步预测，在计算能力上每两年翻一倍。D-Wave 公司的联合创始人乔迪·罗斯（Geordie Rose）也提出量子计算机的罗斯定律，他发现从 1989 年开始，每隔五年，量子比特计数就翻倍。由于量子比特每五年成长一倍，但是这些量子比特纠缠出来的高维次运算空间也形成另一个指数成长，2018 年谷歌科学家哈特穆特·尼文（Hartmut Neven）更进一步提出了双指数的尼文定律。硬件制造进步的指数成长与量子比特纠缠的指数成长，共同打造出比经典计算机摩尔定律更惊人的量子计算机双指数的尼文定律。

小　结

近代科学发展史的工业革命一波接着一波，从使用机械、力与热的内燃机到石化工业、电子工业、网络信息，科技不断进步，目前量子科技的成熟也只是时间问题。最近，谷歌、IBM、Honeywell 与本源量子纷纷给出量子计算机的量产时间表，原则上，2025—2030 年将出现容错通用型量子计算机，以解决生物医学、农业与金融等问题。因此有人也将 2030 年称作"量子计算机元年"（Year to Quantum Computer，Y2Q）。IBM 甚至更乐观地认为，2025 年就是量子计算纠错的转折点。谷歌表示："量子运算代表着根本改变，因为量子力学的特性给我们更进一步了解自然世界的机会。"高德纳（Gartner）咨询公司指出，近年来，各企业的科技主管对量子计算技术的咨询增加了 28%，预估到 2025 年，世界有 40% 的大企业将纷纷成立量子计算部门，量子运算将成为科技界的未来趋势。事实上，维萨（Visa）、摩根大通（J.P.Morgan）等企业都已在海量数据分析方面开始运用量子计算，且有成效。企业界希望借助量子计算机的快速运算能力来发展再生能源和减少碳排放，以永续发展支持地球上快速增多的人口。

在工业革命之后，全球的科技变化非常剧烈，工学院所应用的知识主要是热学与力学等传统物理学，电机学院用的光学与电学则是 20 世纪的主流，21 世纪还有什么知识会转化为产业？很显然，是量子科技。很多国家开始成立量子科技学院并扩大招生范围，这与半个多世纪前电机学院出现的背景类似，量子科技迟早也会成为全球趋势。量子科技是跨领域的科技，至少跨越系统工程、材料研究、低温技术、软件、半导体和光子学，而软件应用则更是需要将所有基础与应用领域整合，才能产生重要影响。为储备量子科技人才，迎接量子世纪的来临，许多国家已开始超前部署，纷纷设立量子科技学系或学院。量子科技的推广，不仅需要产、学、研、政府的共同努力，而且更需要与孩子的教育融合。因此，推动量子科技需要整合上中下游的集体力量，而绝非单一厂商或领域可以独立完成的（见表 1.1）。

表 1.1 工业革命、"第一次量子科技革命"与"第二次量子科技革命"的应用知识与产品性质对比

	古典物理革命；工业革命：力与热，工学院（1760 年—19 世纪 40 年代）	第一次量子科技革命；半导体革命：光与电，电机与信息学院（1920 年—21 世纪 20 年代）	第二次量子科技革命；量子革命：纠缠与叠加，量子科技学院（2020 年—21 世纪 80 年代）
性质	机械取代人力	自然已有的材料基础科技	无中生有的量子科技
特征	工厂量产	数字自动化与人工智能	制作量子机器、人机合一的全智能时代
方法	蒸气动能、煤、铁、钢与石化；古典知识与技术；物质与能量的应用	纳米制程的精准控制材料科学的成熟；认识与掌握微观量子规律进而调控与影响宏观结果	探索、设计与掌握量子叠加、纠缠与测量；自行设计微观量子、创造完美的材料与机器
成果	蒸汽机、石化业、火车、抽水马桶等	半导体、激光、计算机、手机、物联网等	量子计算机、量子通信与量子传感器、人工太阳等
技术影响	改善人类生活方式与经济	形成现代人的数字科技环境	解决现有科技瑕疵、突破现有瓶颈
时代改变	由农业社会进入工业社会	由古典科技转化为量子科技的过渡期	量子智能世纪来临

受历史原因的影响，中国错过了工业革命以来的历次科技革命的机遇，造成现在不得不加倍地努力向前追赶。被《自然》杂志喻为"量子之父"的中国科学技术大学潘建伟教授说："在现代信息科学方面，中国一直扮演学习者和追随者的角色，如今到了量子科技时代，如果我们尽力而为，就可以成为其中的主力。"潘教授至少有两项量子通信的成就可傲视西方。一是 2016 年的

地空量子通信的"墨子号"卫星，二是 2017 年的 2 000 千米长距离京沪量子通信线路。受这两项成果影响，美国国防部在 2021 年向国会提交报告说，中国正在"寻求具有极大军事潜力的重要科技的领导地位"。2021 年，美国甚至直接将科大国盾量子公司列入了出口管制清单。

目前世界的量子科技主要有四大方向：量子计算机、量子计算、量子通信、量子精密测量。中美两国目前在量子科技的研发方面互有领先，在量子计算机与计算方面，美国的 IBM 和谷歌等公司仍然拥有技术优势，由 2022 年本源量子与 IBM 公布的量子计算机路程图来观察，两者之间至少仍有三年左右的差距。在量子通信方面，无论基础研发或网络建设，甚至专利与文章的影响，中国都居于领先地位。在量子精密测量方面，中国科研水平和技术应用与欧美国家旗鼓相当。Relecura Technologies 公司发布的《量子技术：专利前景回顾》（*Quantum Technologies: A Review of the Patent Landscape*）指出，2015—2020 年，在量子科技送审的 44 394 件专利中，中国量子技术的专利总数领先全球，除了量子计算机与计算外，其余领域中的专利数量都是美国的数倍。相较于以往历次科技革命，中国量子科技能与世界并驾齐驱的主因有两个：一是中国的科技研究基础整体水平确实已经得到大幅提升，二是中国有集中资源做大科学的体制优势。虽然从量子科技出现到现在，短时间内仍无法做出量子商用产品，但量子科技是事关未来国力强弱的核心领域，迫切需要更多富有智慧和勇气的年轻人勇闯"科研无人区"和"产业无人区"，当时代的先行者。目前，量子人才的缺乏是一个全球性问题，美国倡议将量子课程加入从幼儿园到高中的教育中，哈佛大学已新增量子科学与工程学位。

习近平总书记在中央政治局第二十四次集体学习时强调，当今世界正经历百年未有之大变局，科技创新是其中一个关键变量。我们要于危机中育先机、于变局中开新局，必须向科技创新要答案。要充分认识推动量子科技发展的重要性和紧迫性，加强量子科技发展战略谋划和系统布局，把握大趋势，下好先手棋。要加快量子科技领域人才培养力度，加快培养一批量子科技领域的高精尖人才，建立适应量子科技发展的专门培养计划，打造体系化、高层次量子科技人才培养平台。

在中国，中国科学技术大学获批设立量子信息科学本科专业和量子科学与技术博士学位点，目前清华大学也设立了量子信息本科班。2021年年初，清华大学丘成桐教授宣称："古时霍去病北征匈奴，曾以八百骑兵突击千里，破敌于漠北。我希望通过这一计划，能在基础科学领域培养出属于我们自己的八百铁骑。"

量子科技是真正的未来科技，拥有不可替代的战略地位，因此必然成为科技竞争的焦点。2018年，美国智库"新美国"（New America）就率先提出了"小院高墙"的科技防御策略，先确定与美国国家安全直接相关的科研领域（"小院"），再划定适当的战略边界（"高墙"）。"小院"之内的核心技术，应严密进行封锁，"小院"之外的高科技领域则开放。2018年12月，美国总统唐纳德·特朗普（Donald Trump）签署《国家量子计划法案》，将量子科技上升至国家战略层面。2020年8月，美国政府宣布为多学科人工智能和量子计算提供约10亿美元资金，其中量子信息科学为 9.25 亿美元，人工智能为 1.4 亿美元。美国科学部副部长称，对美国国家利益而言，量子科学可能比人工智能更具影响。美国总统拜登上台以来，对中国开展"非对称竞争"，实施选择性脱钩的"分岔"战略与"小院高墙"策略。并准备与美国盟友组建科技战略联盟，联合开展与中国的科技竞争。

量子计算机的霸权竞争由谷歌 Sycamore 展开，接着中国的"九章"显示出在特定光子机器上有更大优势，近期加拿大的 Xanadu 公司更进一步推出了完全可编程的光子量子计算机 Borealis，计算速度远超世界上最快的超级计算机。量子计算已经发展到历史的转折点，量子科技将开始在全球舞台上大展身手，对量子微观世界的认知更加清晰，宏观世界的科技服务也将更加美好，然而短期内的世界科技竞争或将加剧。目前种种迹象显示，"第二次量子科技革命"已经开始启动，量子计算机元年离今天也不远了。55岁以上的人可能不太需要学习，因为到时大部分人已经退休了，但是年轻的 Q 世代将无法脱离即将面临的量子生态环境。必须要鼓励与支持下一代人投入量子科技，否则中国的世界竞争力将会随着世界量子科技崛起而逐渐消失。可以预期，全球量子科技将快速发展，未来几年一定会对中国造成很大的冲击。世界各国在半导体产业的领先地位，只是代表在未来量子科技发展中有较好基础，并不能保证在量子科技发展中具备明显的优势。无论从原理、材料，还是低温技术与机器设备等领域看，"第二次量子科技革命"都与现在的产业不同，历史不断告诉我们，在破坏性与革命性科技出现时，原有的优势常常因为惯性思维反而会产生致命影响，伊卡洛斯悖论^①给没有搭上"半导体科技革命快车"的人带来更多在量子科技革命里"换道超车"的想象空间与启示。

中国现在的科技实力与半导体科技启动时有天壤之别，当时全国力量主要集中在追求国防实力的增强上，旨在填补从量子科学发现到曼哈顿计划时代的空白。虽然积极建立国防工业的独立自主，但中国也因此错过了搭上"半导体科技革命快车"的机会，以至于现在在芯片技术领域追赶得如此辛苦。如今，中国的科技实力已经逐渐全面成形。清华大学已有三位国际重要奖项的"首位华人得主"，他们分别是诺贝尔奖首位华人得主杨振宁先生、图灵奖首位华人得主姚期智先生、菲尔兹奖首位华人得主丘成桐先生。年轻一代在科技领域的表现也不遑多让，尤其是在新兴的量子科技方面更是已经进入全球领先军中。量子科技绝不是一场短期的国与国之间的竞争，而是长期的人类与自然的集体竞争。中国在全球强力竞争的环境下，如何建立"八百科技铁骑"，突破全球科技封锁，再建量子时代的"汉唐盛世"，是所有当代中国人的责任。后硅谷时代，如何能集结全国科技能量，在"第二次量子科技革命"的隐形科技竞争中，进行新形态的无烟火比拼，在全球竞逐量子霸权的氛围下，如何维持中国的量子主权，进而决战量子谷，将是这一代中国人无法避免的历史责任与宿命。

---

① 伊卡洛斯悖论是指企业害怕变革，不愿意进行管理、技术、经营模式的更新，这会使其难以适应迅速变化的环境，在新的竞争中失去优势。

量子霸权已经降临，世界各地均已积极利用叠加与纠缠来发展科技。"第二次量子科技革命"将是未来量子霸权九鼎去处的决定因素，然而局势如何演化，尚未可知，有诗曰：

　　　　叠加海角多维展，天设纠缠未现端，
　　　　蠡测劈棺猫逝否，宏观量子揽强权。

第二章

从量子论到量子力学

你未看此花时，此花与汝心同归于寂；你来看此花时，则此花颜色一时明白起来。

——王阳明

月亮是否只在你看着它的时候才存在？

——[美国/瑞士]阿尔伯特·爱因斯坦（Albert Einstein）

第一节　思想起源及时代背景

一、改变人类历史的会议

1927 年 10 月召开的第五次索尔维会议，会议主题为"电子和光子"，这次物理会议可谓历史上空前绝后的知识顶尖高手"决战光明顶"，被邀请参加这次会议的 29 人中有 17 人获得诺贝尔奖（见图 2.1）。这场会议是充满智慧能量的会议，也是最有知识影响力的会议，从此之后，量子论毫无悬念，与会人员的集体思想共同创造了现代世界的科学基础，更开启了延续至今的量子革命。会议上有三大阵营，尼尔斯·玻尔（Niels Bohr）主导的哥本哈根学派强调量子概率论，爱因斯坦领军的反对派则坚持决定论（Determinism），强调实验结果的威廉·劳伦斯·布拉格（William Lawrence Bragg）和阿瑟·霍利·康普敦（Arthur Holly Compton），以及如居里夫人等中立观战者。1926 年，爱因斯坦曾经写信给马克斯·波恩（Max Born），以"上帝不会掷骰子"的观点反对波恩的概率论，在这次会中也提出同样论点质疑量子概率，而玻尔则反驳爱因斯坦："请不要告诉上帝该怎么做或是不该怎么做。"这段对话也被很多人理解为爱因斯坦不支持量子论的经典名言。会中主要针对该如何诠释波动方程式进行激辩，最后沃纳·卡尔·海森堡（Werner Karl Heisenberg）和波恩在索尔维会议做出结论，量子力学已经不需要更多东西，正式宣告世界量子革命已经成功。然而，会后大家仍各持己见，但激辩下的新思维却加速了量子科学的发展。在三年后的第六次索尔维会议上，虽然会议主题是"物质的磁性"，爱因斯坦却再度提出"光子盒"思想实验来挑战量子概率论的核心概念——测不准原理，证明光子的能量与时间可以同时被准确测量。玻尔在现场无法立即回应，但玻尔当天一直尝试说服其他人，爱因斯坦不可能对，否则物理学就完了。爱因斯坦因此甚为得意。玻尔难过得彻夜未眠，苦思后想出绝佳方式回击爱因斯坦。第二天一早，玻尔便以广义相对论解释，在光子射出同时，时钟因为变轻，会沿着重力方向发生位移，所以时钟的快慢会发生变化，能量与时间仍然无法同时精确测量，完美地解释了测不准原理即使在"光子盒"思想实验中也正确，强力回击了爱因斯坦。玻尔得意地说："物理学终于得救了。"爱因斯坦的挑战再度溃不成军。之后由于纳粹的反犹太政策以及第二次世界大战，爱因斯坦没有参加第七次索尔维会议，但在 1935 年仍然联合其他物理学家发表了著名的 EPR 悖论，并又设计了一个思想实验，借着两个纠缠粒子呈现的远距离关联性，来强调量子力学的不完备性，并尝试以"鬼魅般的超距作用"在纽约以远距离论辩再度翻盘，但始终是有心抗拒量子，却无力回天，量子浪潮若决江河，沛然莫之能御。爱因斯坦晚年时与他的同事亚伯拉罕·派斯（Abraham Pais）一起散步，他耿耿于怀地说："月亮是否只在你看着它的时候才存在？"玻尔后来说，爱因斯坦是"提出相对论的物理革命者，但是可悲地成为保守派，在量子理论方面落后于时代潮流"。

图 2.1　第五次索尔维会议的参会人员

　　量子力学争执尘埃落定后，立即表现出强大的威力，美国率先将量子论与相对论应用在曼哈顿计划中，发明了原子弹并快速结束二战。战后美国推出 CMOS 的经典计算机大幅领先并推动世界科技，声光电磁等现代量子科技产品快速发展，世界人口与经济也随之持续稳定增长。2018 年年底，欧盟在维也纳召开欧洲量子旗舰会议，宣称虽然欧洲最先发现量子科学，但是量子科技的果实却长期被美国享用。"第二次量子科技革命"展开后，欧洲不仅要启动量子旗舰，而且要组成欧洲量子舰队，让欧洲文明再度光耀世界。想要真正了解为什么量子有如此强大可以改变世界的影响力，必须要先回顾近代量子论的发展过程。

二、乌云来了，大雨为世界带来新契机

19 世纪末，物理学家都觉得自己对大自然规则已清楚了解与掌握，物理学的发展也相当完整，以牛顿经典力学与麦克斯韦电磁理论为主，再辅以统计热力学及波动光学理论，对各种宏观现象基本上能够准确分析与预测，世界经济也的确因力学与热学创造出来的工业革命而受惠。物理学家在志得意满之外，也渐渐觉得物理知识已经趋于成熟，经典物理的土壤上似乎看不到新的契机与希望。

20 世纪初，在英国伦敦皇家学院，欧洲著名的科学家欢聚一堂，提出热力学第二定律的开尔文勋爵（Lord Kelvin）在会上发表《在热和光动力理论上空的 19 世纪乌云》的演说，指出动力理论的优美被两朵乌云①遮蔽得黯然失色了。其中一片大乌云，是指热力学中的能量均分定理，解释热辐射能谱的理论与实验结果截然不同。特别是黑体辐射理论的差异令人困惑，传统理论无法解释黑体辐射实验。开尔文勋爵在这极富远见的演说中，清楚说明经典物理学的发展到了极限，也明确指出新的可能方向。开尔文勋爵的新方向像盏明灯，照亮了原本完全混沌不明的微观原子世界，并在 20 世纪引爆了历史上一场惊天动地的量子力学革命。开尔文勋爵绝对没有预想到，他带来的这片乌云居然降下了滂沱大雨，让久旱的经典物理大地得到滋养，量子物理的各种新芽纷纷迅速萌发，形成如今的量子新世纪。

---

① 两朵乌云：一朵是指热力学中黑体辐射问题，从而诞生了量子力学；另一朵是指电磁学的问题，孕育了相对论。

三、黑体辐射是什么

人类在青铜器时代冶炼金属时，就知道高温熔融的金属在不同温度下会发出不同颜色的光，这个现象就是黑体辐射。黑体辐射就是任何物体只要有温度就会产生电磁辐射，不同温度的物体有不同的辐射频谱。室温附近的物体也会发出电磁波，只是人眼无法看到辐射出来的红外线波长。黑体辐射是连续光谱，频谱中有个高峰，温度越高，高峰越往短波长的方向移动，只需要探测频谱高峰位置就知道发射物体的温度。最近新冠肺炎病毒疫情持续蔓延，全球到处都在用非接触式的额温枪或红外线显像仪测量体温，其原理就是利用红外线传感器测量发出的频谱峰值所在位置来测量人体温度（见图 2.2）。黑体辐射测量温度的应用非常广泛，大至锅炉控温，小至额温枪测温。利用黑体辐射来测量温度的最大好处就是可以远距测量，并且测量的结果与距离无关。因为我们是测量黑体辐射的频谱峰值，距离远或近，只会影响灵敏度而不会影响峰值位置。

第二次工业革命后，欧洲大力发展钢铁工业，但在炼钢时，如果将温度计放进炼钢炉，马上就被高温熔化了，测量炉温成了难题。黑体是一个理想概念，电磁波照射于黑体都会被完全吸收，当黑体达到热平衡后会辐射出电磁波。19 世纪 90 年代，德国物理学家威廉·维恩（Wilhelm Wien）进行黑体热辐射的研究，发现热辐射峰值波长与温度呈反比的关系，这被称为维恩位移定律（Wien's Displacement Law）。简单来说，就是物体的温度和辐射能量之间有固定关系，这也为测量高温提供了新方法。只要测量在炼钢炉小孔中出来的热辐射，再根据热辐射的频谱，即能量密度分布曲线的形状就可确定炉温。但为什么黑体辐射会有这样的频谱？当时物理学家并不了解原因。由经典统计力学出发，以能量均分定理来解释黑体辐射频谱分布的瑞利 - 金斯定律（Rayleigh-Jean's Law），在长波（低频）部分符合实验上的结果。但是在短波（高频）部分却会发散至无限大，表示在任何温度下，任何物体都会辐射出强烈的紫外光，这理论明显与实验事实不符，这就是历史上有名的"紫外灾难"（Ultraviolet Catastrophe）。而维恩位移定律在短波范围内与实验数据相当符合，但在长波范围内也无法解释。同一个黑体辐射现象却没有统一的解释，这就是开尔文勋爵谈到的黑体辐射难题。

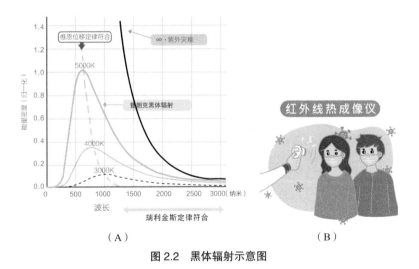

图 2.2　黑体辐射示意图

注：（A）不同温度的物体有不同形状的热辐射的频谱，也就是能量密度分布曲线。（B）额温枪使用黑体辐射的红外线测量体温。

四、量子论横空杀出

黑体辐射的问题在于有两套公式：一套公式只对热辐射的短波有效，另一套公式则对长波有效。维恩位移定律是个经验公式，有没有基本法则可以同时解释长波与短波的物理原因呢？

1900 年，为了解决令人头痛的"紫外灾难"难题，马克斯·普朗克发表著名的普朗克黑体辐射定律，只引入一个奇怪而有趣的"能量量子化"的数学参数，就用数学方法把原来已知的两个公式完美结合起来。普朗克基本假设是黑体内有无数多的小弹簧，这些小弹簧的能量都有个最小基本单位，这个最小的基本单位就是量子。所有小弹簧只能在基本能量单位的整数倍下运动。每个小弹簧就是辐射源，它吸收辐射，振动就加快，它放出辐射，振动就缓慢，而小弹簧振动频率也就是电磁辐射的频率。普朗克引入了一个历史上伟大的普朗克常数，即小弹簧能量与频率的比例常数，普朗克的黑体辐射定律完美地解释了黑体辐射实验的观测结果。

在普朗克之前，没有人敢大胆地提出能量是不连续的，因为这完全违反了经典物理对能量的基本认知。其实普朗克自己也认为这只是一个数学游戏，他也不敢挑战经典物理的连续观念。刚开始他并不赞同量子论，后来更是千方百计地想用经典物理学来阐释能量为什么不连续，但都没有成功。因为量子概念的结果如此完美，他只能接受这美丽的数学结果。普朗克怎么也没有想到，他提出的量子概念，这个大胆的想法会造成 20 世纪科学界惊天动地的变化。普朗克常数就像一把量子的万能钥匙，开启了不连续的量子的崭新思维，引领大量的物理学家进入量子世界，堪与牛顿引力理论的苹果媲美。量子论明确表示，任何变化都可能存在着最小的基本单位，除能量外，当然也包括距离和时间都有可能以最小单位的整数倍来改变。然而，从经典物理的角度来看，一切物理过程都应该是连续的，蜡烛燃烧如果释放了 10 焦耳的能量，从开始燃烧到释放 10 焦耳的过程中间一定是连续变化的，绝对不可能是不连续地由 5 焦耳跳到 6 焦耳，再突然跳到 10 焦耳。但普朗克的量子论却告诉我们，量子世界的能量有一个不可分割的最小单位，即所谓的离散的状态。连续与离散的概念，就好像楼梯与无障碍斜坡，楼梯是离散的，能停留的高度只能是阶梯的整数倍，但斜坡是连续性的，可以停留在行进过程中的任何一个高度。经典世界就像是在攀登无障碍坡道，半导体科技革命像是爬楼梯，而"第二次量子科技革命"就像是坐直达电梯，能毫不费力地快速登顶。

普朗克的量子论，打响了"量子力学"的革命枪声，在瑞士伯尔尼专利局的爱因斯坦立即用类似想法来解决困扰大家许久的光电效应。实验中，将光照射金属时，会从金属表面打出电子。但令科学家无法理解的是，光能不能打出电子与光的照射强度无关，却只与光的频率有关。不管照射强度有多强，频率高的紫外线都可以打出电子，但频率低的红光或黄光却一个电子也打不出来。这结论完全不符合波动理论的电磁学中辐射能量与强度成正比的理论。1905 年，爱因斯坦用量子论成功解释了光电效应，并提出"光量子"——现在被称为光子，认为光同时具有波动性与粒子性。爱因斯坦的光子概念能够完美地解决电磁理论所无法解释的现象。由于光子的能量只与频率有关，而每个电子只能与一个光子作用，所以只有光子能量超过金属对电子的束缚能时，电子才会获得足够能量而离开金属表面（见图2.3）。这也是普朗克量子论的基本精神，频率高的光子，能量比较高，而频率低的光子，能量也低，由于低频率的光子能量不足，所以就无法将电子激发离开金属表面。光的强度与光子的数目有关，但只要光子的频率不变，当频率低于一定值时，再强的光照射在金属上也不会打出任何电子。爱因斯坦提出的光电效应公式指出，被释放的电子的动能加上金属的束缚能就是光子的能量，与光子频率成正比。

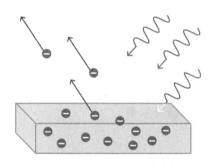

图2.3　光电效应示意图

注：光子撞击金属中的电子，当光子能量超过金属对电子的束缚能时，电子就会获得足够能量离开金属表面。

爱因斯坦成功利用普朗克的量子概念解释了光电效应，但这明显颠覆了麦克斯韦的电磁波动理论。由于麦克斯韦的电磁理论在经典物理现象上非常成功，所以包括普朗克在内的不少科学家都不接受爱因斯坦的光电效应解释。直到1916年罗伯特·密立根（Robert Millikan）使用六种不同频率的光，在不同电压情况下分别测量光电流的大小，绘出电压和光电流之间的曲线图像并顺利测出普朗克常数，确认光电效应正确无误后，普朗克和其他物理学家才真正接受光子论。爱因斯坦是第一个意识到光子概念重要性的科学家，光电效应证明光同时拥有波动和粒子的特性，为量子力学与波粒二象性奠定重要基础。爱因斯坦就像用了普朗克打造的量子钥匙，无意间开启一间量子大厅，引导 20 世纪无数科学家开辟了一个崭新的量子游乐厅。普朗克在 1913 年推荐爱因斯坦为普鲁士科学院院士时，仍然对量子论有所保留，他说："爱因斯坦对于现代物理中的众多重要问题，都有了不起的贡献。但他的推测偶尔也会不正确，例如他的光量子说就有问题，但这不应该被看作太大的缺点。"爱因斯坦在 1921 年获得诺贝尔奖也是因为光电效应，之后两年，罗伯特·安德鲁·密立根（Robert Andrews Millikan）也因为准确测量出电子的电荷以及他对光电效应的研究工作而获得诺贝尔奖。

五、光谱是物质的指纹

光谱像是人的指纹，每种元素都有独特的光谱线，借助焰色可判断物体内的元素组成。放烟花时，烟花在天空爆炸开裂成一朵朵五颜六色的图样，就是利用了元素的焰色反应。钠是明亮的黄光，钾则呈紫色，锂是红色，铜是绿色，将这些光线通过三棱镜投射到屏幕上，便得到光谱线。每种元素都有本身的特征光谱，所以光谱发展成用来鉴定化学元素的方法。到 19 世纪中期，随着光谱学的发展及测量技术的演进，除了黑体辐射光谱外，人们发现热的稀薄气体由于种类不同，也会产生不同波长的光谱线，其中氢原子光谱更是引起众多科学家的深入研究。氢是由一个电子和一个质子构成的原子核，是最简单的原子。人们由研究简单氢光谱进而更了解量子力学的奥秘。

1885 年，瑞士数学教师约翰·巴耳末（Johann Balmer）运用氢原子光谱的测量结果，针对四条可见光波段归纳出描述波长的共同规则的巴耳末公式。约翰内斯·里德伯（Johannes Rydberg）将巴耳末公式推广后，使之适用于所有的氢光谱线系，他将公式简化为：

$$\frac{1}{\lambda} = R\left(\frac{1}{n^2} - \frac{1}{n'^2}\right) \quad n = 1, 2, 3\cdots\cdots \quad n' = n+1, n+2, n+3\cdots\cdots$$

其后，玻尔提出著名的玻尔原子模型对这个经验公式提出了理论解释（见图 2.4）。

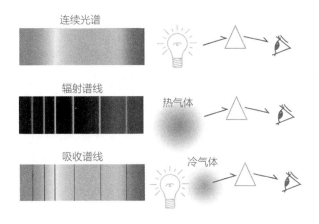

图 2.4　光谱的成图

注：灯丝加热放出的光经棱镜分光后，观察到的是一个连续光谱，但从热稀薄气体放光所得到的光谱是呈现一系列不连续的亮线；反之，光穿过稀薄气体所得到的光谱则是呈现一系列不连续的暗线。前者是为发射光谱，后者则为吸收光谱。玻尔原子理论解释了光谱的成因。

第二节 原子模型的演化过程

1897 年，J.J. 汤姆逊（J.J. Thomson）是第一个敲开原子大门的人，在阴极射线测量中发现比原子更小的带负电的电子。原子是不带电的，但电子带负电，原子里必然还有其他带等量正电的物质，才会有中性的原子。因此汤姆逊提出西瓜原子模型，推翻了约翰·道尔顿（John Dalton）原来认为构成物质的原子是不可分割的一颗实心小球的理论。西瓜原子模型让科学家知道原子内部像西瓜内部一样可能还大有乾坤，于是纷纷投入原子内部结构的研究。在 1909 年，欧内斯特·卢瑟福（Ernest Rutherford）以 α 粒子撞击金箔后居然发现有反弹的 α 粒子，大约每 8 000 个 α 粒子，就有一个粒子会有很大角度的偏差（甚至超过 90°）；而其他粒子都几乎直线通过。这个实验结果太不可思议了，因为用子弹射西瓜，怎么可能观测到子弹会反弹回来？西瓜原子模型内的瓜子也不足以造成此现象，唯一可能的是原子内部有着非均匀的高密度结构，带正电的物质集中在一个很小的区域成为原子核，电子在原子核外部运动，当 α 粒子击中原子核才会反弹。卢瑟福的实验奠定了现代原子模型的基础，氢原子内的电子受到带正电原子核的库仑力吸引，绕原子核做类似行星运动。原子结构如同太阳系，只是万有引力换成了电磁力。但当时基于行星模型，出现了两个经典物理完全无法回答的问题。

1. 根据电磁学，电子做圆周加速度运动，会放出与其轨道运动相同频率的电磁波，电子能量因辐射而减少，电子轨道半径会快速缩小，瞬间就崩溃在原子核上。如果原子中的电子真的是做行星轨道运动，那么宇宙中的所有原子都无法存在。

2. 因为行星轨道半径可以连续变化，此模型推论氢原子所放出的辐射应为连续光谱，与实验看到的不连续光谱不一致。在宏观牛顿力学模型中，人造卫星绕着地球运行，卫星可以发射至任一个轨道高度。换句话说，卫星的轨道半径是连续的，因此卫星运行的能量也是连续的。若把地球缩小到原子的大小，行星轨道模型无法解释为何在微观的世界里，能量是不连续的现象。

在旧理论和新实验事实的矛盾下，重新寻找符合实验事实的合理解释，从而建立量子原子模型，便成为当时科学家共同追逐的圣杯。玻尔认为宏观现象的推论在微观的原子世界不适用，需要新的思想。玻尔在得知巴耳末氢光谱可见光的波长经验公式后大受启发，于是在行星模型的基础上引入爱因斯坦发展的光量子概念，一举解决了原子行星模型的矛盾。玻尔形容这个量子原子模型是小型机械系统，主要特点与行星系统类似，但电子的轨道条件须满足受量子化条件。玻尔原子理论不仅解开了不连续光谱线之谜，而且为光谱学的研究开创了崭新的局面，同时对原子稳定性及元素周期律等都能进行解释。1913 年玻尔发表三篇论文，其中主要有两个假设（见图 2.5 ）。

1. 稳态轨道：电子的轨道半径及能量是量子化的，只要在特定半径的稳态轨道上运行就不会辐射电磁波。这个假设顺利解决卢瑟福原子行星模型不稳定的问题，电子因此便不会散失能量而撞毁在原子核上。

2. 能级跃迁：稳定的轨道能量值叫作能级，能量最低的状态叫作基态，其他高能量状态叫作激发态。能级跃迁就是电子在不同能级间转移，电子从高能级轨道跳到低能级轨道上，会释放特定波长的光子。相反的，要从低能级跳到高能级，就会吸收特定波长的光子。根据普朗克的理论，光子的能量等于普朗克常数乘以频率，玻尔理论精确地解释了不连续光谱的成因，导出了里德伯公式（Rydberg formula）并给出完美的理论解释，对原子物理学产生了深远的影响。"稳态轨道"和"能级跃迁"两大概念后来变成量子力学的基本假设，也是导致放弃牛顿因果性的滥觞。玻尔模型抓住了微观原子世界的精髓，狄拉克曾说："这个理论打开了我的眼界，使我看到了一个新的世界，一个非常奇妙的世界。"量子再次展现超乎所有人想象的奇特力量。

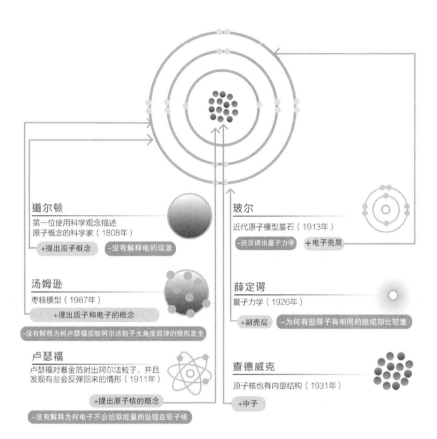

图 2.5　原子模型演进

注：道尔顿认为，原子是不可分割的最小粒子。汤姆逊认为，原子像一颗西瓜，电子与带正电物质如西瓜籽般散布在原子中（亦作枣糕模型或葡萄干布丁模型）。卢瑟福认为，原子中有一体积极小、质量极重、密度极高的带正电原子核。玻尔认为，电子有如行星，但只在特定轨道上绕原子核运行。薛定谔则认为，电子无特定轨道，电子的出现是概率的问题。詹姆斯·查德威克（James Chadwick）更进一步提出了原子核也有内部结构的想法。

　　从普朗克引入量子概念、爱因斯坦提出光量子学说到玻尔的原子模型为代表的理论称为量子论。量子论以经典物理为基础并加入量子化的假设修正，的确能解释一些简单的现象，但是对绝大多数较为复杂的情况，仍然无法说明，例如氢原子光谱的精细结构和赛曼效应，甚至连双电子的氦原子也与实验不符。显然，量子论仍需要更多的进一步修正。

第三节　量子力学的崛起

一、量子力学的出现

20 世纪 20 年代，德国在第一次世界大战战败，非常不服气，德国这么努力为什么还战败？社会上普遍开始怀疑因果论的正确性。讽刺的是，德国战败竟然与西班牙流感疫情有关。1918 年 3 月，德军冲进敌军战壕后，被留在战壕里的伤兵的流感病毒传染了。1918 年 3—8 月，因为流感及战争伤亡，德军人数至少损失三成，大约损失了 80 万人。德军因此士气低落，逃兵四起，德皇威廉二世也逃亡外国，最终以德国求和结束战争。当时德国政治与社会弥漫着对因果论的检讨声，当然也深刻影响到了科学思维。在牛顿力学中，只要给定起始条件与边界条件，通过牛顿方程式，科学家就能确定物体的任何时刻的物理状态。施力大一点，努力一点，就能快一点到达目的地，但德国的战败却显示出因果论一定有着不足之处。恰好当时物理学家也发现，实验上显示的经典物理学在微观系统中漏洞百出，逐渐激发出来的量子论也正好符合德国政治与社会对非因果论的政治需要。

无论量子论或是量子力学，其实主要都在问同一件事，物质到底是波还是粒子？量子力学的发展主要有两条路线。一条路线是波动力学，由路易·德布罗意（Louis de Broglie）提出物质波，后来薛定谔引入波函数的概念，并提出薛定谔方程式，赋予物质波实质的数学意义。另一条路线是以玻尔为代表的哥本哈根学派所提出的矩阵力学。这两条不同路线可以说是殊途同归，都解释了微观粒子的运动规律，并由狄拉克最后完成相对论性的量子力学。有趣的是，这两条路线不仅在物理上的基本描述不同，更重要的是背后的哲学理念甚至针锋相对，但在数学上却证明是完全等价的。

二、波动力学

爱因斯坦的光量子学说把波动的光直接赋予粒子性质。1923年德布罗意在他的博士论文中提到物质波理论，认为波粒二象性不应是光才有的专利，而是任何粒子的通用属性。这种粒子展现波的性质被称为物质波。物质的粒子性与波动性的选择，其实类似于牛顿时代几何光学与波动光学的争议，完全由光波长与物体相对大小而决定。德布罗意大胆地推论力学和光学的原理之间应该存在着模拟关系，并试图用这个模拟关系建立新的原子力学理论来描述微观物体的量子运动。值得一提的是，德布罗意大学时主修的是历史学。

物质波理论的提出，不仅为波动力学拉开序幕，而且为玻尔的稳态能级提供明确的物理图像，电子的物质波以驻波形式稳定地围绕着原子核运行。驻波从字面上看，就是指常驻在空间运动的波动，理想的驻波可以在空间里一直运动而不散失能量。就好比一把吉他，拨动吉他弦，可以在弦上形成两端固定的驻波，改变手指所按的位置，就是在改变驻波波长，吉他也就因手指按位不同而发出不同频率的声音。要形成驻波，弦长必须是半波长的整数倍，这意味着相同弦长上的不同波长的驻波中间有不连续结构，这恰是进入量子世界的最佳入口（见图2.6）。

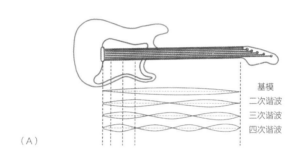

（A）

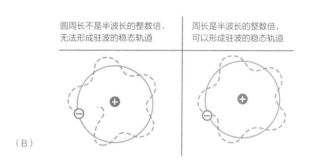

（B）

图2.6　驻波与原子稳态轨道示意图

注：（A）吉他因手指按位不同而发出不同频率的声音。要形成驻波，弦长必须是半波长的整数倍，同弦长上的不同波长的驻波中间有不连续结构。（B）电子物质波在轨域中必须形成封闭型驻波方有可能稳态轨道存在，左边因为没有形成封闭型驻波，因此物质波不会有稳态轨道存在。

林顿·戴维森（Clinton Davisson）和雷斯特·革末（Lester Germer）于 1927 年把电子射到镍晶体上，观察电子被镍原子散射的图案。他们出乎意料地观察到电子散射图案竟然与 X 射线晶体散射图案相同，电子通过镍晶体所直接显现的波动特有的干涉现象也成为电子的波粒二象性的重要证据。

打网球时发出来的网球有可能是波动吗？如果是，那我们怎么没有看过网球的波动现象呢？因为宏观粒子的物质波的波长太短了，根本无法察觉。举例来说，时速 100 千米的网球的等效波长大约为 10^{-34} 米，这样短的波长在宏观世界里根本不可能被观察到。但在微观世界中，动能 50 电子伏特的电子的物质波波长约为 1.7×10^{-10} 米，大约与物质的晶格间距差不多。在单狭缝绕射时，当狭缝宽度远大于波长时，光可视为一条直线通过狭缝，但当狭缝与波长差不多时，绕射现象出现，就需要将光用波动的方式来解释。当电子碰到晶体时，恰巧符合波动条件，物质波的现象便自动展现。

彼得·德拜（Peter Debye）1926 年请薛定谔研究德布罗意的理论后到小组报告，薛定谔研读论文后的结论就是物质也会有波的特性。德拜觉得这个想法太草率且天真，他说："处理波的特性，至少得有一个波动方程式才行。"薛定谔在得到德拜的指示之后，在前往阿尔卑斯山度假的两周半之际，也随身带着德布罗意的文章作为消遣。两周半后，世界发生了巨变！薛定谔在第二次小组报告中就给出了一个非相对论性的波动方程式，也就是有名的"薛定谔波动方程"，把电子看成是波，就像天空的云一般（这也是"电子云"说法的由来），用希腊字母 ψ 代表波函数，简洁而优雅地描述了氢原子模型。就像牛顿运动定律在经典力学中的重要性，现在所有学习量子力学的人都一定要了解这家喻户晓的"薛定谔波动方程"。后来菲利克斯·布洛赫（Felix Bloch）觉得，德拜应该自己推导波动方程式，而不该建议薛定谔去处理。德拜大方响应道："我应该做了非常正确的事吧！"

牛顿力学的物质世界是一个实数空间的世界，任何物理测量结果都是实数。而在量子力学中，因为要描述粒子的波动性及相位，所以必须使用同时包含实数和虚数的波函数来描述量子的行为。"薛定谔波动方程"的波函数是复数而不是实数，其中的物理意义到底是什么？德国物理学家波恩表示，波函数就是一种概率振幅（Probability amplitude），其绝对值平方（Modulus square of complex number，模的平方）才真正对应到粒子的测量概率分布，并认为物质波本身其实就是概率波。简单来说，粒子在时空中的行为就是"概率"，粒子可以同时处于多个位置，也就是叠加态的概念。对当时普遍相信决定论与定域论的科学家，这种概率波的解释让人完全无法接受，即使薛定谔本人也拒绝接受他自己发现的方程式中的波是粒子概率的解释，爱因斯坦在写给波恩的信中更是提出了著名的"上帝不会掷骰子"的说法。

三、矩阵力学

哥本哈根学派是在丹麦哥本哈根大学创立的对量子力学诠释的主要学派，由玻尔的互补原理（The principle of complementarity）、波恩的概率波、海森堡的不确定性原理为三大主要支柱。哥本哈根学派认为，物理研究目标是可观察的现象，而不是建立在无法观察或纯粹推理的结论上。

海森堡处理物理的风格异于一般人，他认为只有将实验的可观察量导入物理理论中，才真正有意义，所有理论必须来自实验结果。海森堡认为既然原子内的电子的运动细节是无法被直接观测的，那么花时间去讨论原子内的电子轨道没有任何实质意义。既然实验只能观察到电子跃迁时辐射出来的能量所对应的特定频率，表示实验的可观察量就是能级差，那么就针对能级差来研究规律性就好。1925 年 5 月，海森堡尝试仅用可观测量（如谱线位置、强度等）之间的关系，而不是玻尔理论中的电子轨道的概念来描述原子系统。同年的 7 月 7 日，海森堡因为躲避花粉而到北海的岛上休养，他愉快地读着歌德的诗篇来激发思考原子谱线的灵感。"差不多是夜里三点钟，计算结果最终出来了。我深深地被震惊了。我很兴奋，一点也不想睡。于是，我离开房间，坐在一块岩石上等日出。"海森堡把实验归纳结果交给老师波恩，波恩发现这个实验归纳出来的数学形式恰巧可以用矩阵运算来描述，描述微观粒子机制的矩阵力学从此宣告诞生。海森堡从实验结果归纳出物理规律后，再回头去探索是否有蕴含其中的运算机制，从看似杂乱无章的海量光谱数据中，海森堡终于找出了共性原则。

四、顾此失彼的测不准原理

海森堡的矩阵力学无法描述原子内部的电子轨迹，因为矩阵力学是由实验中可观测的结果归纳出来的，数学形式所架构的理论完全没有试图去了解在原子中电子的位置或动量。爱因斯坦立刻提出质疑："我们明明能用云雾室观察到电子的轨迹，你却拒绝相信氢原子中有电子轨道，我很好奇你怎么会有这种古怪的想法？"经过百般思考后，海森堡终于想出云雾室中的轨迹是水蒸气被电子撞击后凝结的水滴，每滴位置体积都远比电子实际体积大了无数倍，与精确的电子轨迹大相径庭。于是，通过仔细运算后，他提出了鼎鼎大名的测不准原理来强势地回应爱因斯坦：位置不准度和动量不准度的乘积大于或等于普朗克常数，换成日常用语就是，一个粒子的位置和动量不可能同时测量得无限精准。这个回应让哥本哈根学派声名大噪。用经典物理的角度是很难理解量子测不准原理的，经典物理分析的对象都具有各自独立的确定性质，但在量子力学中却不一样，许多物理量之间彼此是相关的。海森堡认为，当测量一个物理量时，这种测量行为因为交互作用会影响到测量物理量的结果，例如一个 γ 射线测量电子位置的思维实验：越想精确地知道粒子的位置，就得用波长越短的光来测量，但波长越短，光子能量就越强，也就越容易改变粒子的动量，所以位置与动量间永远都会顾此失彼。测不准原理的结果就是，原子内的电子轨道上的运动精确度只能在特定可接受的范围内知道，绝对不可能完全准确。玻尔指责海森堡思想实验的想法不够创新革命，电子在测量之前是概率分布，测量之后也是概率分布，电子根本就没有爱因斯坦所谓的电子的"路径"。

五、"一体两面"的互补原理

从牛顿时代开始，关于光是波动性还是粒子性，几百年来一直争论不休。第一次波粒争辩，牛顿的微粒说获得胜利，但第二次波粒论战时，奥古斯丁 – 让·菲涅耳（Augustin-Jean Fresnel）成功解释平行光线射在不透明的圆盘时，在圆盘阴影中间会有一个亮点的绕射现象，这使得波动说扳回一城。第三次波粒论辩在爱因斯坦提出光量子学说后启动，经过许多实验和原理的讨论，波与粒子大战到底是谁胜谁败呢？现在来回顾一下，经典物理中电子是粒子，光是波，完全不同。爱因斯坦把光当成粒子，德布罗意又把电子视为波，海森堡以矩阵来处理电子行为，薛定谔又重新给出电子的运动方程式。"粒子"（离散）与"波"（连续）这两个对立观点的争执似乎反反复复而没有定论。玻尔的互补理论给出了这样的解释：波粒二象性应是互补而非互斥对立。"一体两面"，就是宇宙的真实情形，物体到底是波动还是粒子与如何测量有关。如图 2.7 所示，圆柱体投影在屏幕上是什么形状，要看观察的角度，可以是圆形，也可以是方形。关键是我们如何观察它，与它原本是什么形状没有任何关系。所以电子到底是什么？以何种测量方式来了解电子？电子是一堆可能性的叠加状态，只要观察方式确定了，电子就会依我们主观设定的测量方式，而以波动或者粒子的形式表现出来。如同盲人摸象，每次测量只能观测到电子的一部分事实，只有把所有相关联的条件全都考虑在内时，才可能得到对事物的完备描述，这就是玻尔的互补原理。波与粒子两种概念可以视为同一个硬币的正反两面，缺一不可，玻尔用互补原理接近完美地平息了波粒的长期争辩。

图 2.7　圆柱体在不同角度的屏幕投影结果

　　1927 年，玻尔在挪威度假滑雪时构想出互补原理。1937 年，玻尔应周培源邀请，到中国讲学，他在北京欣赏京剧时，看到戏台上姜子牙手拿太极令旗时，对太极图赞叹有加。他认为，互补原理以及波粒二象性都隐含在太极的阴阳之内。1947 年，丹麦国王颁授只有王室成员和国家元首才能获得的大象勋章（Order of the Elephant）给玻尔，以表彰他卓越的科学贡献。玻尔用太极图 ① 设计了自己的肩徽（Bohr's Coat of Arms），上面用拉丁文写着"对立即互补"（Contraria Sunt Complementa）。狄拉克形容玻尔是"原子理论的牛顿"（The Newton of the Atoms），是他"所见过最深入的思考者"。

---

① 太极图真正的来源，据说是古人立竿测日影的产物，是太阳在地上的投影长度一年连续的变化图，是空间与时间构成的一幅图。

小　结

　　量子世界到底是属于薛定谔的波动力学还是海森堡的矩阵力学？量子到底是波动还是粒子？尽管波与粒子的出发点和背后隐含的哲学思维完全不同，但是薛定谔、泡利证明了两种方法在数学上是完全等价的，英国物理学家狄拉克更是将矩阵和波动力学被完美地结合起来，提出了著名的狄拉克方程式（Dirac Equation）。这些新颖的量子力学原理，不仅改变人们对于自然世界的观点，而且让量子概率的期待值结果重新回归到经典粒子的预期与观测中。

　　哥本哈根学派所遵循的是实在经验主义，认为了解深层机制不是必要的。这种想法遭到以爱因斯坦为首的坚信因果论的物理学家的反对，针对哥本哈根学派的波函数的诠释、不确定性原理以及互补原理等观点都提出了强烈批判。爱因斯坦无法接受没有严格因果律的物理世界，所有事件都不可能是随机发生的，更不可能抛弃客观而存在。但玻尔则认为，实际状况是因为观测手段才产生意义，所以月亮的存在与观察相关。经过多次辩论后，玻尔总是能成功挡下爱因斯坦的所有挑战。

　　1935年5月，爱因斯坦与鲍里斯·波多斯基（Boris Podolsky）、纳森·罗森（Nathan Rosen）三人共同再度挑战量子力学的完备性，就是著名的EPR悖论的思想实验。EPR悖论并没有质疑量子力学的正确性，只是用两个纠缠的粒子说明量子力学并不完备。EPR 悖论是基于两个当时常见的论点——定域论与实在论。简单地说，定域论就是某区域发生的事件不可能以超过光速的传递方式传播到其他区域，定域论不允许"鬼魅般的超距作用"。实在论主张实验观测到的现象与观测的方式、动作无关，换句话说，即月亮是否存在与有没有人赏月毫不相关。6 个星期后，玻尔以同样标题在 1935 年 10 月的《物理评论》上发表文章，回应 EPR 的挑衅。这次玻尔只是提出非定域性（Non-Locality）反击 EPR 文章内所谓的"完全不影响某一体系"的叙述有瑕疵，玻尔并没能证明 EPR 是错误的。薛定谔则接着提出著名的思想实验"薛定谔的猫"，也试图支持爱因斯坦，证明量子力学的不完备性，并凸显量子测量的不合理性。在量子力学中，两个粒子一旦靠近并相互纠缠后，将失去各自的原来个体性，变成两个粒子融合的整体状态。未来，即使空间上分离到天涯海角，只要纠缠状态维持，这个整体性也不会消失，这种现象被薛定谔称为"量子纠缠"。量子纠缠是纯粹的量子效应，经典世界中不存在，因此也最令人难以接受与理解。爱因斯坦和玻尔两人终生都没有说服对方，在爱因斯坦过世后，反哥本哈根学派由于缺乏领军主将，经典力学与量子力学的争辩热潮也随之消散，只剩 EPR 悖论一直悬而未决，究竟是量子力学仍不完备，还是量子纠缠真的有"鬼魅般的超距作用"？1964 年，爱尔兰物理学家约翰·贝尔（John Bell）提出贝尔不等式来作为检验量子纠缠的实验方法，而直到 20 世纪 80 年代后才有实验证实量子纠缠的存在，定域实在论的确不成立。2015 年，荷兰科学家首次严谨否定定域实在论，爱因斯坦的"鬼魅般的超距作用"的确存在。《自然》杂志以"量子力学：实验宣判定域实在论已死"的标题报道了"基础科学的定域实在论的假设与量子力学有矛盾，而后者的预测现已无瑕疵地在实验中得到证实"。吊诡的是，EPR 悖论的挑战反而确认了量子力学是正确的，量子微观世界的重要特性——不确定性、叠加性、非定域性、纠缠态，也从此成为屹立不倒的真理。

量子科技由两片乌云开始，在干旱的经典物理世界中降下甘霖，许多有创意的思维如雨后春笋般纷纷从经典土壤中冒出，尽管人们对量子力学的全貌掌握仍有待发展，但第五届索尔维会议已经被定位成是当前人类知识性最高与改变历史的重要会议。从量子力学的发展过程来看，哥本哈根学派强调实验主义，依据可观察结果作为推理依据，哥本哈根学派当初的预言正确架构了现在的量子科技的基础。然而，在微观世界深层原理的探索过程中，是德布罗意、薛定谔以及爱因斯坦不断提出有挑战力的正确问题，才使得量子科学能在正确道路上更加完备。玻尔与爱因斯坦一开始争论的焦点在于量子力学的内在自洽性与不确定性方面，第五次与第六次的索尔维会议的两次大辩论，玻尔都是胜利一方。爱因斯坦的反对意见——"上帝不会掷骰子"——传达了量子概率论的特色，光子盒与测不准原理又表达了量子测量的特性。虽然第七次会议因为政治紧张，爱因斯坦并未参加，但他仍然从量子力学出发，提出了著名的 EPR 悖论，试图证明量子力学是不完备的。但有趣的是，爱因斯坦最后的挑战"鬼魅般的超距作用"证实了量子纠缠性。这些持续 10 多年的深刻批判为哥本哈根学派的研究与推理提供了思考的动力与无穷的养分。爱因斯坦和玻尔的路线之争被称为 20 世纪的"世纪思想之争",他们彼此之间的脑力大激荡也是另一种互补性的展现,并因此完善了人类史上最重要的量子知识。现在许多人常会引用爱因斯坦的"上帝不会掷骰子"这句话,认为爱因斯坦不懂量子力学,但深入了解玻尔与爱因斯坦的多年论辩后,应该可以知道爱因斯坦是完全理解量子概率论的,只是"爱之深,责之切",是以春秋责备贤者的心态,欲求量子论之完备而已。

量子科学的思维与原理是在欧洲产生的,量子力学不仅解释了原子本身,而且连原子如何键结成分子、固体物质的电子态与能带的概念,以及晶体结构的成因,都能够清楚阐释。通过研究晶体,可以解释很多物质现象,包括半导体原理,将量子概念应用在生活中的成效更远远超乎想象,特别是凝聚态科技相关成果更为卓越。可以说,没有量子力学就不会有今天的高科技产业;没有黑体辐射,就没有今天机场的红外线热成像仪;没有光电效应,就不会有今天的太阳能电池。2018 年,欧盟量子旗舰会议主要问题就是,为什么"第一次量子科技革命"出现在欧洲,但主要应用成果却被美国长期掌握?如何能够让"第二次量子科技革命"由欧洲启动与完成?

这个问题的复杂度与近代东方的一个历史问题类似——为什么近代科学没有出现在中国。突破性的科学思维与技术创新从何而来?许多近代科学的类似思想在中国也很早出现过,但从来没有变成有系统的近代科学,更遑论科技革命。几何光学与针孔成像早在墨子时期就记载过,铜镜阳燧取火至少在周朝就有了,但为什么透镜、显微镜甚至望远镜没有出现在中国?更不要说利用显微镜开拓出现代生物学，望远镜发展出现代天文学。玻尔看到太极阴阳图觉得与他的互补原理以及波粒二象性有异曲同工之妙。王阳明的"你未看此花时，此花与汝心同归于寂；你来看此花时，则此花颜色一时明白起来"，这种唯心论的思想与量子测量的思维也极为相似甚至更深奥，但为什么量子科学没有在中国出现？或许海森堡的测不准原理给出了答案，思想与技术的发展永远会顾此失彼。从量子论的发展过程也可以了解，无论从实证或本质出发，只要追求知识的态度够谦虚，讨论方式够客观，并且有相同的探索真理的目的，持之以恒，最后总是殊途同归，且能够阐释真理的。

量子论的波粒二象性纠缠不清，概率论与实在论争议不休，自然现象与科学诠释互相叠加，承接历史累积的思维能量才能超越过往，有诗曰：

纵横概率因缘间，量子叠加漫越天，

二象并存波和粒，纠缠谁与并骈肩。

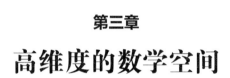

第三章

高维度的数学空间

静故了群动，空故纳万境。

——苏轼

我们必须知道，我们必将知道。

——[德国] 戴维·希尔伯特（David Hilbert）

第一节　量子态与复数空间

前一章介绍了许多有关量子论发展初期的历史以及实验，也包括一些经典物理无法解释的量子现象，为此科学家提出了许多违反生活直觉的诠释与性质，其中包括概率波。在理解概率波之前，必须先回顾一下经典物理中波动的概念。

日常生活中处处可见波动的现象，无论是在湖面上所产生的水波，或是路上叫卖者大声吆喝所产生的声波，抑或是清早起床映入眼帘的阳光，都是波的一种形式。人们研究自然世界的波动已有非常久的历史，科学家试图用系统化的数学语言描述这些现象，因而发展出许多不同的学科分支，例如几何光学、电磁学等。大家每天必用的手机是通过无线电波来传递信息的，微波炉里烹煮食物利用的是微波，这些都是波动在科技上的应用。直观上可以将波理解为具有振幅、相位、频率的几何力学对象，而在波形上每个位置上的点都随着时间变化做周期性的振动，并且以一个点带动另一个点的方式将能量传递下去。如图 3.1，波动具有周期性，任意两点经过一段距离就会重复，这个重复的距离就是波长（λ）。

波动的最大值称为波的振幅（Amplitude），波的最高位置称为波峰，而最低处则称为波谷。波在空间中传播时的速度称为波速（v），波的周期（Period）T 是指一个完整振荡所需的时间。频率（Frequency）f 为每单位时间内波循环的次数，也是周期的倒数。

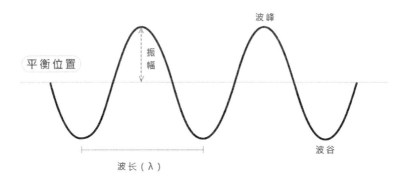

图 3.1　波长、振幅、波峰与波谷

　　波现象中有一个特殊概念是相位（Phase），简单地说，是两个波之间起始位置的相对差别值。当两个波完全相同，波峰与波谷位置都重合，就称为相位相同或是相位差为 0。而当其中一波的波峰与另一波的波谷重叠时，就称相位差为 180°，当相位差介于 0 与 180° 之间时，就会依据它们的具体情况定出相位差的角度。有趣的是，当频率相同的几个波相遇，若是这些波的相对相位不同时，这时就会产生干涉的现象（见图 3.2）。当两道波的相对相位相同或是为 0 时，会发生相长干涉（建设性干涉），根据线性叠加原理，可以知道合成波的振幅会是原本两个波的振幅相加，因而变大；但若两道波的相对相位为 180° 时，反而会发生相消干涉（破坏性干涉），两道波会互相抵消使得合成波的振幅变成 0 或是减弱。了解波的干涉特性有助于我们直观地理解为何在量子力学中会需要波动特性。接下来我们会以电子的双狭缝实验来展示量子力学中的波动性质。

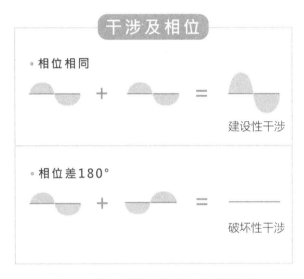

图 3.2　波动中的建设性干涉与破坏性干涉

在双狭缝实验装置中包含一个电子束发射器以及一片有两道狭缝的金属片，另外，在金属片的另一侧装有具备探测器的屏幕，可以记录每个电子通过狭缝后落在屏幕上的位置。我们直觉想象粒子束通过狭缝之后，在屏幕上的落点分布会是两道狭缝分别开启时所产生分布的合成结果，如图 3.3（B）所示。若是把粒子束置换成光束，由于光的波动性质，光通过双狭缝时会在屏幕上形成明暗相间而强度不一的干涉条纹。然而在实际电子束实验中，当我们开启电子束之后，发现在屏幕上也会出现明暗相间的干涉条纹。更奇妙的是，当进一步把电子束强度降低到一次只让一个电子通过狭缝时，依旧会在屏幕上出现双狭缝干涉的结果。若确实是一次只通过一个电子，那么电子应该只能从两条狭缝的其中一条通过才对，怎么会出现干涉的结果呢？难不成电子会分身，自己对自己干涉吗？电子束的双狭缝干涉实验结果唯一合理的解释是，电子也有波动性，更准确地说，是电子的确以概率波的形式出现在空间中，这就是"薛定谔波动方程"中概率波的概念。或许会有人好奇，既然物体都是以概率波的形式存在，那么为何在日常生活中无法观察到类似的波的特性？这是因为日常生活中所观察到的物体质量与体积都相当大，造成概率波的波动性质小到无法用肉眼观察到，所以一般经典力学的粒子理论即足以描述宏观世界里物体的运动状态。

电子双狭缝实验结果显示，物体不仅有粒子性，而且也具有波动性质。在牛顿力学的世界中，不仅所有可以测量的物理量都是实数，而且都可以被精准地独立测量。日常生活中用来测量长度、质量与时间等的测量工具只能测量出实数结果，换句话说，牛顿力学里的物质世界就是实数空间的世界。而在量子力学中，因为要描述粒子的概率波的特性，所以必须使用同时包含实部和虚部的波函数来描述量子的行为，也必须引入复数才足以描述整个量子态的波动性质[1]，因而利用在数学上的希尔伯特空间（Hilbert Space）来描述量子物理系统所处的复值函数空间。量子在我们生活空间中出现的概率就是复数概率波的绝对值平方。

---

[1] 已经有实验证实，量子力学中无可免地必须引入复数的概念，详细内容可参阅：
https://journals.aps.org/prl/abstract/10.1103/PhysRevLett.126.090401.

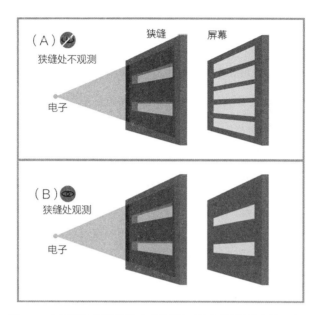

图 3.3　电子通过双狭缝的实验装置与观测到的屏幕条纹示意图

注：（A）为狭缝处未装置探测器，而只在屏幕处探测，会观测到电子的双狭缝干涉现象。（B）为在双狭缝处装置探测器，此时干涉现象消失，屏幕上只会出现两条狭缝分别开启时的合成效果。

第二节　向量空间与希尔伯特空间

一、希尔伯特空间

希尔伯特是历史上最有影响力的数学家之一，他于 1862 年出生在哥尼斯堡（今称加里宁格勒），其研究成果甚丰，包括公理化几何学、数论等。他在国际数学家大会中提出著名的 23 个难解的数学问题，影响后来人前赴后继地投入数学领域中。其中，希尔伯特所提出的一个概念——希尔伯特空间，对于公理化数学乃至整个量子力学的数学描述有着非常重要的影响。希尔伯特是"数学界最后的全才"，以希尔伯特命名的数学名词非常多，多到有些连希尔伯特本人都不知道。希尔伯特有次问同事："什么叫作希尔伯特空间？"他在1930年退休演讲中的名言传诵至今，"我们必须知道，我们必将知道"（Wir müssen wissen, wir werden wissen）。

在数学中，希尔伯特空间是欧几里得实数空间（Euclidean space）的一个推广，但不再限于有限的二维或三维的情形。我们从小学的平面几何，或是三维空间的所有概念都可以推广到希尔伯特空间中。希尔伯特空间可视为"无限维度欧式空间"。如果说欧几里得空间是香蕉，那么希尔伯特空间就是所有水果，虽然水果包括的范围无限宽广，但处理所有水果的方法基本大同小异。欧几里得空间与希尔伯特空间一样，都是内积空间，有距离和夹角的概念，并有向量的正交性。

就数学角度而言，希尔伯特空间具有以下几个特点：完备、具有内积性质，且为向量空间。接下来我们将简要地介绍完备、向量空间、内积这三种概念。

第一，完备性。数学上有很多种关于完备性的定义，这里以数系上的完备性来直观性地解释。我们都知道，在数线轴上每个点都代表一个实数，即使这两个实数点之间再怎么接近，两者之间必存有实数，而这条数线轴可以由无穷多的实数点密密麻麻地组合而成，这就是实数的完备性。然而，有理数不是这样，由于无理数存在，所有的有理数点无法布满整条数线轴，这意味着有理数是不完备的。对于不完备的空间而言，其性质就像是一块棉布，就算织得再缜密，棉布中终究会有吸水的小洞存在；完备的空间就像一块光滑的塑料布，其中不存在任何透水的小洞，而希尔伯特空间正是具有这样完备的性质。

第二，向量空间。这是基于物理学或几何学中的空间而衍生扩展出的概念，在向量空间里，我们可以沿用中学几何学中向量的知识，并且使用向量的操作方法。

在生活中，向量空间的应用例子很多，例如，小明和小美约好一起去西湖吃饭，然而小美迷路了，为了帮助小美到达目的地，小明必须先知道小美的当前位置。小明用微信问小美："你在哪里呀？"小美回说："我在杭州灵隐寺东南门。"由此，小明可以明确地知道小美目前所处的位置，GPS 坐标定位为（30.237，120.105）。就数学意义而言，知道 GPS 坐标信息即等同于给出相对于原点的位置向量，而所有描述这些位置向量的集合就是向量空间（见图 3.4）。

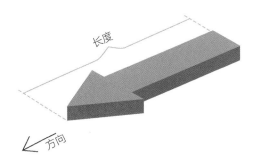

图 3.4　向量是由长度与方向构成，向量空间是无数向量的集合

第三，内积。要知道向量空间内任意两个向量间的长度和方

向，必须引入向量间内积操作的概念，借此来定义出向量的大小以及不同向量之间的夹角。

在上述例子中，小明在知道小美所在位置后，为了能与小美尽快会合，小明必须知道小美与他的距离与相对方向，这在向量空间中就是在做内积的计算。小明又发消息说："你要往东北走100 米，再向右转之后就可以看到我了。"小美回说："好的，我马上过去！"

日常生活中这些向量概念的应用处处可见，再举个例子，在如今交通便捷的时代里，人们往往只需要几个小时或几天的时间就可以快速穿梭于各国之间，在天空中往往会有上百甚至是上千架飞机同时在飞行，为了精确地掌握这些飞机的动态，如何使用一组好的坐标系来描述飞机在空中的位置就显得十分重要。例如，只要定义出原点的位置以及坐标系统，就可以用向量来表示空间中任意一架飞机的位置，而方向的概念可以使我们掌握飞机的航向，我们甚至可以描绘出飞机在空间中的飞行轨迹，如此一来，塔台人员就能随时掌握飞机的动向，进而对飞机提供相应的支持与指引。

通过数学，人们得以精确分析及处理日常生活中遇到的许多复杂问题，大大促进了科技发展。除了日常问题之外，我们也可以将长度与角度概念更具体地公理化，进一步扩展到物理系统甚至是抽象的复值函数空间，因而出现了量子力学与希尔伯特空间的概念。物理学家利用希尔伯特空间来描述量子态所处的空间，架构出能描述量子力学的数学。量子计算正是建立在量子力学基础上发展出各种不同的算法，其中包括著名的秀尔算法（Shor's

Algorithm），以及格罗弗算法（Grover's Algorithm），接下来的章节会有更具体的介绍。

二、高维度空间与量子计算机

通常的空间概念，是指由长、宽、高组成的三维空间。时间本身具有维度的某些特点，例如时间轴可以连接无数个三维空间，因此很多人认为我们是生活在"3+1"维时空（或称四维时空）中。但时间与长、宽、高存在很大的区别，例如时间单位与长度单位是不一样的，并且时间是单一方向进行且无法回头的，因此这不算真正意义上的多维空间，只能说是像许多三维空间的时间截影后合成的影像。欧几里得空间可以很好地描述日常生活的三维空间环境，对一般人而言，"空间"就是日常活动的三维空间。但对数学家而言，"空间"则属于数学中几何学探讨的领域，在几何学中，点、线、面及立体间的差异只是定义的维度数目不同。沿直线前进、后退的世界称为一维世界，所有东西只被允许沿着单一方向移动，如同项链上的珍珠。在二维世界中，物质可以沿着平面前后、左右两个方向移动，如同象棋棋盘上的棋子。在三维世界中，物体可以上下、前后、左右移动，我们人类生活的空间就是一个三维空间。以此类推，在 N 维度的世界中，物质可以进行 N 个方向的移动，这种空间就是高维度的希尔伯特空间。当物体或物体性质的空间不再局限于二维或者三维时，就需要希尔伯特空间，而无限维度的向量意味着有无数个独立坐标。微观的量子世界就需要一个高维空间才能完整描述，N 个量子就生活

在 2^N 维度的希尔伯特空间中，但这个高维空间却可以由许多低维"子世界"所共同交织而成，就像三维世界可以由许多二维平面堆栈而成，每个"子世界"都只能感受到高维空间向量投影在"子世界"的痕迹，因此在不同"子世界"中的感受可能不一样。物理学家借用了数学上的希尔伯特空间可以有效地描述量子在微观世界的行为，就如同三维的欧几里得空间可以清楚解释牛顿力学一般。

小　结

当使用经典计算机仿真量子现象时，只要量子数目 N 增加，希尔伯特空间的维度就会呈指数成长为庞大的 2^N 维度，那么经典计算机要仿真"薛定谔波动方程"的庞大希尔伯特空间，计算时间会变成不切实际的天文数字。理查德·费曼（Richard Feynman）想到如果用量子比特直接做成的量子计算机来仿真量子现象，则计算时间可大幅度减少。量子计算机是由量子比特所纠缠出来的高维度希尔伯特空间，因此量子计算机的所有操作都在希尔伯特空间中进行，而不是像经典计算机的 0 与 1 的数字世界。在高维度空间中直接做测量，而不需要从事 0 与 1 的计算，这才是量子计算机能远远赢过经典计算机的主因。

高维度空间具有无边能力，常人居于有限的"3+1"空间，经常被虚幻投影迷惑，希尔伯特早就解开所有疑惑，"我们必须知道，我们必将知道"，只要思维进入高维度世界，一切困扰自动在须弥寰宇海中消逝无踪，有诗曰：

身居芥子愁云雾，虚幻焉能将我缚，
壁观须弥寰宇海，希尔伯特尽揭拂。

第四章

可逆量子运算

年年岁岁花相似，岁岁年年人不同。

——刘希夷

在世界上我们只活一次，所以应该爱惜光阴。必须过真实的生活，过有价值的生活。

——[俄罗斯]伊万·彼德罗维奇·巴甫洛夫

（Ivan Petrovich Pavlov）

第一节　可逆与不可逆过程

在 2020 年科幻电影《信条》（*Tenet*）中，最吸引人的卖点之一是不断地在多重宇宙间往复式地进行祖父悖论的操作，许多人无法理解电影中复杂的并行时空剧情，因此在网络上引发激烈讨论。往复式时间轮回的科幻片其实很多，《源代码》（*Source Code*）与《土拨鼠之日》（*Groundhog Day*）都是时间轮回的经典代表影片，但是同时在多重空间内往复式的时间轮回，克里斯托弗·诺兰（Christopher Nolan）应该是第一个有勇气来处理这种庞大而复杂场面的导演。多重空间的往复式轮回的想法应该是源自量子计算机中的可逆计算，在多个量子比特共同张开的高维度希尔伯特空间中，量子操作可以不断地在高维度的多重空间内往复式进行。

可惜的是人生不能重来，我们无法重塑命运。我们从某地坐高铁去看朋友，然后再回来，这种空间移动属于可逆的过程。但世间事只要与时间有关都是不可逆的，我们绝对无法再重新年轻，生命中有很多令人懊悔的事也无法像游戏里那般重置，唯一能做的是勇敢直面自己的选择，快乐面对人生未来。这种不可逆过程在生活中处处存在，墨汁滴入清水，只会看到整杯水逐渐被染黑。要让已经污染的墨水重新变成清水，除了魔术外，再无可能。覆水难收也是常见的不可逆过程，所以很多事只能防患于未然。

要理解宏观世界的过程为何总是不可逆，人生为何不能重置再启动，就必须了解一下基本的热力学规律。热力学的许多结果是人类经验法则的累积，不仅可以定义许多宏观物理量，如温度、内能、熵、压强等，而且可以描述各物理量之间的关系。热力学中的许多物理量是经典粒子平均行为的结果，虽然也常需使用概率分布，但与量子概率的物理阐释并不完全相同。许多工程应用都与热力学密切相关。热是一种能量，物体的原子或分子通过随机运动与碰撞，把能量由温度较高处传往温度较低处。热力学主要研究物质的平衡状态以及与准平衡态的过程，尤其专注在系统与外在环境间能量的交换。物理学家 Lídia del Rio 曾经这么形容热力学："如果把物理学一般理论比作普通人，那么热力学就是巫婆。"物理理论通常是了解宇宙间事物的原理与机制，而热力学理论的思维则有些不同，只规定了哪些过程可以发生，哪些不可以发生。一般物理理论的目的是找出宇宙的运行规则，然后一切都按规则运行，但有趣的是，热力学告诉我们即使宇宙规则存在，即便遵循规则办事，结果也不一定可以完全控制。也有人讽刺地形容热力学的三大定律就是一场奇怪的物理比赛规则：能量守恒定律，比赛过程中是个零和游戏；熵增定律，只要比赛时间过长，一定会输；绝对零度达不到，一旦参赛，就无法停止比赛。

甚至参赛后还发现一个更奇怪的热平衡状态的潜规则，能力强的参赛者一定要让分给能力差的参赛者，直到大家都一样。更吊诡的是，由于每次让分机制不明确，让分的数量也无法精准控制，即使是形式上希望大家具有相同能力也永远无法真正达到，只好永世轮回。

言归正传，热力学主要归纳成以下三大定律与第零定律，虽然第零定律最后才出现，但却被认为是比热力学原有三大定律更基本的定律，因此只好称为热力学第零定律。

热力学第一定律（能量守恒定律）：与环境隔离的封闭系统中，总能量保持不变，系统中的能量只会从某处传递到另一处，或者发生能量形式的改变。

热力学第二定律（熵增定律）：封闭系统内的局部区域的熵可能减少，但整个系统的总熵只会趋向增大。熵与系统的状态有关，但与如何达到此状态的过程无关。

热力学第三定律：热力学系统的熵在温度趋近于绝对零度时将趋于定值，而对于完整晶体而言，其熵为零。另一种常见说法是无论通过多么理想化的过程，都不可能通过有限次数的操作将任意一个热力学系统的温度降到绝对零度。

热力学第零定律：两个不同温度的物体放在与环境隔离的封闭系统中，因为没有热量进出系统，经过一段时间接触后，两个物体会达到温度相同的热平衡状态。

物理上对系统与环境有严谨定义，系统是指事物发生的区域，系统的外部空间被称为这个系统的环境，系统边界将系统与环境隔开。系统边界将系统限制在一个有限的空间里，系统与环境可以通过系统边界进行物质及能量的传递（见图 4.1）。系统经过特定过程，由原来状态转变成另一种新状态，如果存在复原过程使系统和环境都回到原来状态，则称为可逆过程；如果没有复原过程可以使系统与环境回到原来状态，则是不可逆过程。在日常生活中，一个皮球从高空落下，在反弹过程中，皮球离地面的高度随时间逐渐缩小，最后停止在地面。如果看到皮球自己越弹越高，我们会认为是奇迹或是诡异现象。高温的水与低温的冰块加在一起，最后总是达到热平衡状态，这也是一种不可逆。热力学第二定律指出，在孤立系统中，熵会随着时间的流逝而增大，自然发展的方向性也验证了时间的不可逆性，达尔文的生物进化论就是著名的代表理论。这显示在宇宙中，时间是个与空间不一样的东西，有方向性，并且如大江东流水一去不返，是一种不可逆转的过程。物理学的时间反演就是指把时间参数 t 变成 $-t$，过程以相反程序进行，这表明牛顿力学公式是可逆过程。因为在方程式中，时间只是一个参数，没有正与负的差别。最近，时间晶体（Time crystal）突然变成很多人谈论的热点。时间晶体是一个开放系统，与周围环境保持非平衡态，呈现时间平移对称破缺的特性。时间晶体由弗朗克·韦尔切克（Frank Wilczek）于 2012 年提出，相对于正常晶体在空间上呈周期性排列，时间晶体则在时间上呈周期性重复且永动状态。

如果系统内只有动能与势能（也称位能）交换，由于能量守恒定律，理想系统会回到原来状态，但真实系统内常有不同的能量耗损机制，会导致不可逆现象。在能量守恒的孤立系统中，热量是自发性地从温度高的物体传到温度低的物体。孤立系统从有序

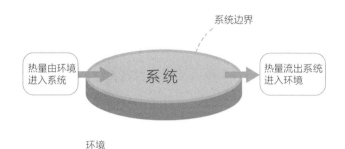

图 4.1　系统、环境与系统边界示意图

注：孤立系统是假想存在的系统，孤立系统与外界环境没有任何交换。

状态趋向于无序状态，是不可逆过程，而自然界永远是朝无序增大的方向发展。热力学第二定律中引入熵的增加来定义不可逆过程，许多宏观过程的发展都有方向性，因此将熵常与时间不可反转连接起来，也用熵的增加来定义时间的流向。1923 年，德国工程师普朗克[①]到中国讲学时介绍到 Entropy（熵），胡刚复教授现场翻译时，因为熵的定义是热量（Q）除以温度（T）的商数，而温度与火有关，胡教授临时把"商"字加上火字旁，无中生有地造出"熵"字。现在很多人不知道"熵"该如何念？有人自作聪明地比照"滴"而念成"Dī"，知道"熵"字出现的历史，就知道胡教授要表达的是有温度的商数，应该念作"Shāng"。

　　熵的观念在物理学中甚至比能量的观念还要重要。热力学第一定律是能量守恒定律，也就是能量不能被创造或者消灭。热力学第二定律清楚指出，即使有能量，也必须符合热力学过程：从

[①]　此处所提"普朗克"并非第二章中发现普朗克常数的普朗克，据考证应是一名在中国做生意的德国工程师。

一个平衡态到另一个平衡态的过程中，若过程可逆，则熵不变，若不可逆，则熵增加。熵增原理定义了自然过程的方向，孤立系统必然自发性地朝着最混乱无序的方向发展。冰中的分子被限制在固体形状内，不太能移动，所以冰的熵很低，而水蒸气中的分子几乎可以随心所欲地移动，因此水蒸气具有很高的熵。水中的分子相对于冰块有更多的位置可以移动，但又不如水蒸气般自由，所以液态水的熵相对于冰块与水蒸气是中等的（见图 4.2）。在冰箱中用水制冰时，水与冰是一个系统，冰箱是系统接触的环境。系统的熵降低，所以水变成冰块，但是系统熵降低，一定要有热量流出系统进入环境，也就是用冰箱来降低水的熵，才能够制成冰块。严格地说，此时虽然冰块的熵降低了，但是环境中熵的增加量大于冰块降低的熵，所以环境与系统整个总体熵增还是大于零。将冰块拿出来，冰块又会变成水，此时房间就是环境，冰块的熵上升，吸收环境里的热量，附近环境的温度也就随之下降。

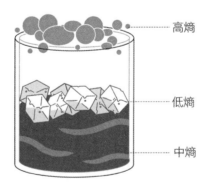

图 4.2　水杯内的水、冰块与水蒸气的熵差异

注：水分子在冰块中最不容易改变位置，而在水蒸气中最容易。

第二节 "麦克斯韦妖"与熵的关系

詹姆斯·克拉克·麦克斯韦（James Clerk Maxwell）建立著名的电磁学四大方程式后，研究兴趣便转向热力学，他从分子弹性碰撞的微观运动机制出发，导出宏观平衡态的麦克斯韦－玻尔兹曼分布。这个方程式也与热力学第二定律相符合，将温度不等的两个系统相接触，通过碰撞，快速移动的分子会将能量传递给缓慢移动的分子，最后温度在两者之间达到新的平衡态。

熵增原理认为，孤立系统必然自发地朝着最混乱的方向发展，所以根据热力学第二定律，当把宇宙看作一个孤立的系统，宇宙的熵只会随着时间的流逝而增加，这就是宇宙终极命运的"热寂说"。麦克斯韦提出了一个想象实验"麦克斯韦妖"（Maxwell's Demon）来解释热力学第二定律。根据麦克斯韦－玻尔兹曼分布方程式，气体分子系统的低温区与高温区中都分别会有高速与低速分子的分布，但高温区仍有低温分子，低温区中也有少数高温分子。如果有一个"小妖精"控制着高温系统和低温系统之间的分子通道闸门，只允许高速分子从低温往高温区运动，低速分子则一律从高温往低温运动。在"小妖精"的精确管理下，高温区的温度会越来越高，低温区的温度越来越低。"小妖精"的有效管理让高温区的高温分子变多，而低温区温度更低，但整个系统并没有违反能量守恒定律（见图4.3）。从宏观统计来看，热量确实只能从高温区流入低温区，但是对个别分子而言，低温区的高速分子仍有可能自发地跑到高温区。因此麦克斯韦认为，热力学第二定律不像牛顿力学那样，可以准确描述分子的个别运动行为，而是大量分子集体的宏观统计结果。这里已经看到系统信息与熵的关联性，即只要管理门上开关的"小妖精"能够精准掌握前来的气体分子的速度，也就是闸门开与关的信息，的确可以降低系统熵。

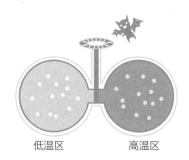

低温区　　　　　高温区

图 4.3 "麦克斯韦妖"控制高温系统和低温系统之间的分子通道闸门

注：气体分子系统分为右边高温区与左边低温区，中间有个"麦克斯韦妖"在控制通道闸门。系统是为了概率上的理由，才从有序的低熵状态走向无序的高熵状态，因为有秩序的状态比较少，出现的概率小，无秩序的状态比较多，出现的概率大。"麦克斯韦妖"似乎只要开关闸门时能配合气体分子的速度，便可以推翻热力学第二定律。

"麦克斯韦妖"的想法明显违反热力学第二定律，基本上也是一种永动机的想法。利奥·希拉德（Leó Szilárd）知道熵减少的永动机是不可能存在的，希拉德看出"麦克斯韦妖"的真正问题是在"测量"上，而测量的目的是获得信息，每次开关闸门的过程中，需要一个开或关的指令的二进制比特信息。1929 年，根据麦克斯韦的原始想法，希拉德让每个"小妖精"分别只操控一个单分子热机，但"小妖精"获取信息要付出代价，也就是会使周边环境的熵增加。因此，气体分子系统"热熵"的减少正是来自"小妖精"测量过程中"信息熵"（Information Entropy）的增加。虽然系统的热熵减少，但"信息熵"与"热熵"的总熵值却仍符合热力学第二定律。希拉德提出两个过去没有人提过的概念，"信息熵"与"二进制"。希拉德最早认识到信息的物理本质，将信息与能量消耗联系起来，而克劳德·香农（Claude Shannon）直到 1948 年才在《通信的数学原理》中提出信息熵的概念，用于计算信息的不确定性。1961 年，美国物理学家罗夫·兰道尔（Rolf Landauer）更进一步地提出兰道尔原理，计算机在删除信息的过程中会对环境释放出极少的热量，并给出计算中能耗的理论下限。兰道尔认为"任何不可逆的信息操作，例如删除一个比特或合并两个计算路径，都伴随环境中的熵增"。兰道尔原理的另一种直觉看法是，只要失去系统的信息，同时也表示失去从系统取出能量的能力。由于每个比特有两种可能状态，1 与 0，所以一个二阶的熵就是 $k_B \ln 2$，自然对数里面的 2 就是代表系统的 2 种可能状态，而 k_B 则是玻尔兹曼常数。熵的定义是热量除以温度，因此消除信息的结果必然有能量转换成了热能，从系统释放到环境中，这也是计算机不断发热的原因。计算机在每次改写信息时，实际上就是把信息变成了热量损失。依照兰道尔原理，在室温下擦去每个比特信息，理论上理想的二位阶系统至少消耗 2.87×10^{-21} 焦耳（≈ 0.0175 电子伏特）的能量，看起来不大，但如果每秒有 10^{12} 个晶体管改变状态，那么耗费的能量约 3 千瓦。而实际上在互补金属氧化物半导体或是 GPU 中，甚至会损失高达百万倍的能量。几乎所有人都知道摩尔定律，集成电路上的晶体管数目，以每18个月翻一倍的速度增长，性能也随之翻倍。但大部分人并不知道伴随着摩尔定律的进步，同样面积内的比特数目也就越高，根据热力学第二定律和兰道尔原理，比特数目越多，耗能必然也就越大。目前比特币挖矿机与大型信息数据中心非常耗能，也是因为大量信息不断地改变转化为热量流失于环境中。要解决这一严重耗能问题的唯一办法是发明可逆计算，让信息的能量不会转化为无用热量耗散到环境中。

第三节　信息熵的意义与影响

尽管物质和能量都是可测量的，但都需要先量化才能建立数学模型，所以先要有信息的量化描述，才可能厘清信息的物理本质，并建立信息科学理论基础。信息可以量化吗？很明显应该可以。假设你现在正在读的某本书里，其中一个段落可能有几百字，每一章至少有几千字的信息，整本书有十几万字的信息，很明显，三者之间所传递的信息量差距甚大。但信息单靠使用的字数就能精准地有效量化吗？当中文与英文要表达同样的意思时，因文化背景差异，同样字数所表达的信息自然也不同。即使同样使用中文，不同中文水平的人，以同样字数传递的信息量也可能差异极大。那么是否可以由文件容量大小判断其中的信息量呢？然而，不同格式类型文件的信息量差异也极大，通常情况下，同样大小的文件，PDF格式的文件就比WORD格式的文件信息量要大得多。

　　香农就是因为定义了"信息"量化的科学意义而成为"信息之父"。在香农的定义中，信息的量化是为了消除不确定性。信息的不确定性在物理学中就是孤立系统的混乱程度，也就是前文提到的熵。只要有了足够的信息后，系统不确定性就会降低，这就像是热力学系统中混乱程度减少，所以信息也就是负熵，会降低系统的混乱程度。由热力学知识清楚知道，要降低系统混乱程度就必须施加能量对系统做功，因此信息很明显与能量有关。香农于1948年将熵引入计算机科学，成为代表信息内容的量度，称为"香农熵"。有个有趣的传闻，其实是约翰·冯·诺依曼（John von Neumann）建议香农把消除不确定性的概念取名为"熵"，主要理由是这个神奇的名词容易唬住外行人。

　　计算机科学是信息的科学，现在习惯用信息熵表达信息内容的量化，现代计算机科技也因信息有效量化后才开始快速发展。但如何度量一个事件的"信息内容"[①]？观看电视剧的一个画面，可以得到多少信息内容？阅读某本书可以吸收多少信息内容？"信息内容"是指信息的内容有多少，或者说"信息内容"是事件的各种可能的变化大小。由香农熵的定义知道，信息的量化与事件的不确定性直接相关。当事件越明确时，信息内容越小，而当事件越混沌不清时，信息内容就越大。例如，"我要从上海去北京"这个叙述，对去什么地方这个信息非常确定，所以确定性

---

① 事件的"信息内容"（Information Content）的定义为 $-\log P(x)$，$P(x)$ 为事件的发生概率。图 4.4 中香农的信息熵（H）是全部事件的平均信息内容。事件越明确时，信息内容越小。这是一个数学量名词，与词汇中常用的信息容易有直觉上的反差。

为100%，因此有关目的地的信息内容为零。但是对何时去、如何去、有什么人一起去、为什么去等问题，都不清楚，也就有很多不同的可能性，因此有关其他如时间、交通工具等的信息内容就非常多。如果再多加一点叙述，"我要和儿子一起从上海去北京"与"我要搭飞机从上海去北京"，基本都不会改变目的地的信息内容，因为"去北京"仍是确定的事实。但是如果你说"我要搭无人机从上海去北京"，这个就有很大不确定性在信息内容中了。因为无人机目前在世界上仍没有开发出载人飞行的商业机，虽然有叙述，但其中到达北京的不确定性，也就会因为交通工具与天气的不确定而造成信息内容仍然很多。如果我们对事件已足够了解，就不需要太多的信息内容就能掌握事件的来龙去脉，但要弄清楚一件完全不确定的事，就需要大量的信息内容才可能知道会发生什么状况，所以不确定性就可以作为信息内容的量化度量。

"信息内容"是很抽象的东西，我们常说信息内容很多，或信息内容较少，却很难说清楚到底有多少信息内容。香农提出信息论（Information Theory）后，才确定信息内容的量化的度量方式，信息内容的多寡与不确定性或是概率有关系，概率越小的事件内有越多的信息内容。事件的信息内容是事件概率的函数，当事件不确定性越高就代表越无法预测事件，也就是信息越模糊，这时"信息熵"也就越大。"熵"原来是热力学的概念，被用来度量一个系统的混乱度或不确定的程度。然而，如今"熵"的观念已广泛应用在科学、数学、管理等各领域，但"信息熵"如何严谨定义？"信息熵"的单位通常为"比特"，"信息熵"就是系统越混乱，熵越高，信息内容越多。这似乎有点违反直觉，为什么不是越整齐的状态有越多的信息内容？

如果有一枚普通的硬币，因为抛掷的结果只能是正面或者反面，可以用 0 或是 1 表示，因此这个事件的熵是 1 比特，若进行 n 次独立实验，则熵为 n 比特，因为可以用长度为 n 的比特流表示（见图 4.4）。但是如果有一枚作弊硬币，其两面完全相同，那么不管如何抛掷，结果都是正面，因为结果能被准确预测，所以"信息熵"等于零。完全可以被准确推断的系统，也就是完全整齐的系统，该系统的信息内容为零。

$$H = -\sum_i P_i \log_b P_i$$

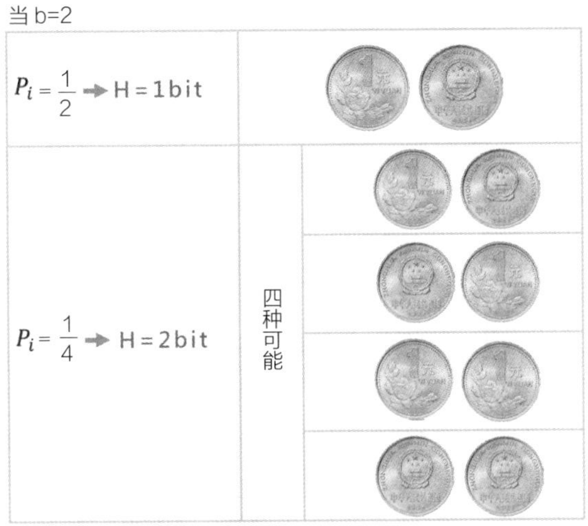

图 4.4 硬币"信息熵"实验

注：在考虑所有可能的概率组合时，香农的信息熵（H）是事件的平均信息内容，$H = -\sum_i P_i \log_b P_i$。波尔兹曼的物理熵，$S = -k_B \sum_i P_i \ln P_i$。信息熵（H）与物理熵（S）有一定比例的关系，系统越混乱，S 越大，H 也越大。当基底 b = 2，信息熵的单位是比特（bit）；当 b = e，信息熵的单位是 nat；而当 b = 10，信息熵的单位是 Hart。当信息熵以比特为单位时，比特量就是信息熵。一枚硬币有两种可能状况，结果是 1 比特，两枚硬币有四种可能状况，结果就是 2 比特。

我们再来看一个稍微复杂的情形，假设有三个桶，每个桶有四个球（见图4.5）。A桶中有四个黑球，B桶有三个黑球和一个白球，C桶有两个黑球和两个白球。在这种情况下，随机抽取桶中的球。在A桶中，抽出来的肯定是黑球。在B桶中，有75%的概率抽中的球是黑色的，25%的概率抽中的球是白色的。C桶中，有50%的概率抽中的球是黑色的，抽中白球的概率也一样。因此，A桶是完全确定状态，B桶有部分不确定，C桶有最大的不确定性。由前文叙述知道，越混乱不确定性就越大，"信息熵"

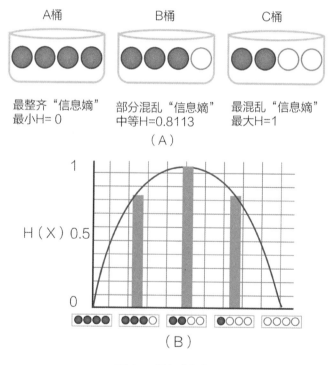

图 4.5　黑白球实验

注：（A）"信息熵"与乱度直接有关。（B）"信息熵"与各个桶中色球分布关系。

的值也就越大。如果桶内的球有许多的重排可能，那么这桶就具有高熵，如果仅有很少重排可能，则有低熵。这些球的重排次数，A 桶只有唯一的排列状况，B 桶中白球有四种排列可能位置，C 桶最复杂，白球有六种可能的重新排列。如果不用数学表示，用直觉去理解，从商店刚买回的空白 U 盘就是 A 桶，已经格式化完毕且非常整齐，使用很长一段时间后就是 C 桶，"信息熵"什么时候比较大就非常清楚了。

香农的"信息熵"是事件的平均信息内容，$H = -\sum_i P_i \log_2 P_i$。信息熵量度的是，从桶中抽一个球，平均需要多少条附加信息才可以判定球是黑球或白球。A 桶全部是黑球，所以不需要附加任何信息内容，"信息熵"自然是 0。B 桶中有三个黑球一个白球，黑球的 $P_i = \frac{3}{4}$，所以黑球的 $\log_2 P_i = -0.415$，而白球的 $P_i = \frac{1}{4}$，所以白球的 $\log_2 P_i = -1.998$。因为 B 桶中有 $\frac{3}{4}$ 次黑球的机会，$\frac{1}{4}$ 次白球的机会，所以"信息熵"是（$0.415 \times \frac{3}{4}$）+（$1.998 \times \frac{1}{4}$）= 0.8113。C 桶中一半是黑球，一半是白球，黑球与白球的 P_i 都是 $\frac{1}{2}$，所以 $\log_2 P_i = -1$，所以 C 桶的"信息熵"就是 $\frac{2}{4}$ 次黑球与 $\frac{2}{4}$ 次白球分别乘上黑球与白球个别的"信息熵"的和，也就是 1。如果 D 桶中是三个白球一个黑球，E 桶中是四个白球，则"信息熵"与桶的关系可见图 4.5。香农的"信息熵"与玻尔兹曼的"热熵"是息息相关的，举例而言，当我们将理想气体的体积在定温下压缩一半时，"热熵"减少了，而 $\Delta H = \Delta S$，由于分子分布的空间缩小，其位置的不确定性也降低，所以"信息熵"也变小（见图 4.6）。

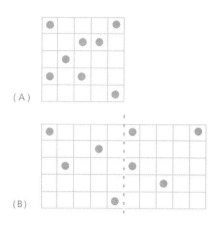

图 4.6 "信息熵"与空间大小的关系

注：若以圆圈代表气体粒子，（A）图表示体积较小区域，（B）图表示体积两倍大区域。同样数目气体分子在（B）区域时，排列的方式远大于（A）区域。理想气体的分子间没有作用力，当定温压缩时，由（B）区域变成（A）区域，定量气体分子可以分布的方式变少，熵也随之减少，表示信息量也少了。

第四节　可逆的量子计算机

　　不消耗能量的"麦克斯韦妖"是不存在的，当"小妖精"在决定开关闸门时，必须获得"信息"，而只有消耗能量才能取得"信息"。这也引发了人们对物理世界的新认识：除了物质和能量之外，还有信息。哈佛大学的安东尼·欧廷格（Anthony Oettinger）说："没有物质什么都不存在，没有能量什么都不会发生，没有信息什么都没有意义。"这同时也引发了另一个有趣的论点，"遗忘"是删去信息，也必须耗能，且"遗忘"是逻辑不可逆的。为了节能，兰道尔想出"可逆计算"（Reversible Computing）的概念，并和同事查尔斯·贝内特（Charles Bennett）进行研究。所谓可逆计算，就是不删除任何信息的计算过程，希望借此尽量减少计算机的能耗。

要了解可逆计算，先要知道什么是不可逆计算。例如你打开手机里的计算器，按下"3+2"，结果出现"5"，这个"5"是因为你输入了"3+2"而出现的结果。但是如果有朋友突然拿他手机上的计算器给你看一个"5"时，你并不知道这个"5"是如何来的。朋友输入的是"3+2"，或是"1+4"，还是复杂的"（268+152）÷20–16"，或是更复杂的积分结果，你是不知道的，因为数字计算是不可逆的，每个计算过程都把前面的数据删除了，也就是"遗忘"了。同样，在经典计算机中的逻辑门里，大部分都属于不可逆运算，对于或门（OR gate）而言，如果输入是"10""01"或者是"11"，输出都是"1"。如果只看到输出结果是"1"，是不可能知道原来的输入值到底是什么的，也是因为运算过程的信息被删除了。非门（NOT gate）则具有可逆性，假设输出的是"1"，那么输入的只有是"0"。

在可逆计算的计算模型中，转换函数的前后状态间是一对一映射函数，熵的增加会最小化，也表示在计算机中不会产生额外的热。对于一般逻辑门而言，输入状态在运算后会丢失，这导致输出的信息少于输入信息。根据"信息熵"原理，信息的损失会以热的形式耗散到环境中，而可逆逻辑门只将信息状态从输入转移到输出，没有信息损失也就不耗费能量。如果以逻辑门为模型探讨可逆计算，只要输出与输入之间不是一对一映射，就是不可逆计算，在逻辑门操作后，信息量会减少，例如互斥或门（XOR）就是不可逆计算。任何可逆逻辑门，需要具有相同数量的输入端与输出端。对于一个输入端的逻辑门，有两种是可逆逻辑门，一种为非门，另一种为是门（YES gate），即输入与输出数量相同。对于两个输入端，可逆逻辑门为受控非门（CNOT gate），将第一个输入当成控制参考，对第二个输入进行 XOR 操作，并保持第一个输入不变。具有三个输入端的控控非门（CCNOT gate）也称作"Toffoli 门"，是由托玛索·托佛利（Tommaso Toffoli）提出的通用可逆逻辑门，具有三路输入和三路输出。如果前两个位置是 1，它将倒置第三位置，否则所有位置保持不变。可逆逻辑门，除了答案之外，还需要许多额外的比特，用来记忆运算的历史，在理想情况下，可逆计算的熵是保持不变的。"Toffoli 门"可以利用经典计算机做所有的布尔函数计算，量子门里也有"Toffoli 门"，代表量子计算机确实可以处理经典计算机所有的操作。

　　量子计算出现后，量子系统的幺正性[①]自动保证计算的可逆性，因为量子系统的计算需要有可逆性，所以量子电路中的逻辑门必须有可逆性。施尧耘发现，通用的量子逻辑门只需用三量子比特的"Toffoli 门"再加上单量子比特的"Hadamard 门"就可以产生所有量子逻辑门的功能，可以设计出任意的量子电路。这也隐含量子计算超越经典计算就只是多了"Hadamard 门"，更直接的说法是量子计算不过就是经典计算机加上"Hadamard 门"。传统电路用

---

① 幺正性（Unitarity）是物理学名词，是指某个物质于时刻 t 在全空间找到粒子的总概率等于 1。

NAND（或 NOR）一个逻辑门就可以产生其他逻辑门的所有功能，量子电路则至少需要"Toffoli 门"与"Hadamard 门"。

在量子计算里，就如同电影《信条》中所描述的多重空间的可逆状况，量子电路操作的确可以在多个量子比特共同张开的高维度的希尔伯特空间中不断往复式操作。重要的是，在量子计算过程中，因为没有删除信息，不会出现香农与兰道尔所考虑的信息能量耗损情况，所以也就可以一直往复式地在高维度数学空间内持续进行可逆计算。然而，希尔伯特空间是个抽象的数学空间，与电影《信条》中的实体空间完全不同，真实世界中的各种大量能量损耗会使科幻电影中的人生重置景象不可能发生。

小　结

没有信息，就不会有现代的计算机科学。从玻尔兹曼提出"熵"以后，信息就开始逐渐通过能量的连接与物理产生关联。物理学的基本概念，如因果律、不可逆性、无序、混沌、复杂性，是否可以在信息的基础上而有新的理解？甚至在量子力学中，纠缠和非定域性与信息间是否有关联仍有待探讨。可逆计算的基础是信息守恒。因为信息守恒，所以不会产生能量耗损。物质和能量曾经被认为是两个独立且无关的元素，直到爱因斯坦的 $E=mc^2$ 方程出现，才发现可以互换。在希拉德与兰道尔之后也发现信息熵，热熵及能量间有适当关系，但是目前有关信息、物质与能量三者间的关系仍然是模糊的，且大部分的成因仍然有待深入了解，需要收集更多数据与开发更多有效的数学工具。人类在农牧时代，因为需要开垦工具才开始研究物质，工业革命后需要大量能源，发现了许多不同形式的能量，所以对能量有了更多认识，进而开始知道物质与能量之间的密切关系。现在如火如荼进行的信息革命让我们发现信息可能也与能量有极大关系，熵的增减意味着信息的改变，或许因为能量的连接，也可能与物质有所关联。但是彼此之间真正有何种微妙连接仍有待未来更多的研究与实证来解开信息的神秘面纱，并不需要现在进行任何无谓与虚幻的猜想。在微观世界中，质能可以互换；在宏观世界中，热熵与信息熵关联密切，删除或读取信息会耗损能量。目前我们能很清楚地知道物质、能量与信息间的三角关系，是物质与能量通过爱因斯坦的 $E=mc^2$ 方程可以连接，能量与信息的关系可以通过兰道尔理论与玻尔兹曼理论连接，但是信息与物质间有没有直接的桥梁连接？物质与能量的连接是通过量子世界与相对论的法则，而信息与能量的连接则是由于宏观的热力学与统计力学。两者虽然都是能量，但是宏观与微观来源与法则不同，能量是否真可以直接成为宏观与微观世界的通道？或是只有在介乎于微观和宏观之间的所谓介观尺度时才有实质意义？物理学、信息学、计算机科学、认知科学和生物学在这个跨领域范畴内是否在未来会激荡出更惊人的知识，值得我们深深期待。

　　人生是否有轮回？计算是否可重现？量子概率波如何量子坍缩为经典测量结果？微观、介观与宏观如何连接？熵是宏观的产物，也与信息有关，但信息、能量与物质三者孰重孰轻？其中奥秘有诗为证曰：

两鬓飞霜天赐寿，未闻鹤发返红颜，
人生世转能知否，奥秘时空古未攀。
流水浮觞波到此，落花化土静不迁，
介观不二熵争鼎，信斩威妖另立言。

第五章

量子比特与量子计算机

中，算盘之中；上，脊梁之上，又位之左；下，脊梁之下，又位之右；脊，盘中横梁隔木。

——谢察微

在薛定谔的猫盒内，许多准量子粒子在量子函数的网络上跳舞、消失和出现。

——[印度]阿米特·雷（Amit Ray）

第一节　量子的特性

目前半导体制造工艺已趋近纳米的原子极限，有限尺寸的效应使得量子特性变得更重要，同时逐渐接近各种物理限制的瓶颈，也让半导体量产制程变得越来越昂贵。最近几十年，量子相关科技快速发展，不但精确度越来越高，更可以操控原子直接进行量子系统仿真。跨国公司如谷歌、IBM、英特尔和微软（Microsoft）都扩大了量子技术研发团队，各发达国家也投资数十亿甚至上百亿美元来拓展量子的应用领域。量子比特的发展方向也非常多元，超导体、离子阱、冷原子、金刚石 NV 色心（Nitrogen-Vacancy Center in Diamond）、量子点、硅基量子比特、拓扑量子、光子集成电路、核磁共振等都已经应用在不同形式的量子计算机中。整个量子产业生态系统正在逐步形成，无数初创公司如雨后春笋般涌现。不同领域的公司也开始与初创公司兼并或合作，开发新形态的量子应用产业。量子产业已进入区域霸权时代，世界量子谷也逐渐在全球某些角落悄然成型。硅谷时代之后的决战量子谷的霸权争夺时代已经出现，逐鹿科技新战场之后的量子九鼎终将落至谁家，必须等待时间的检验。

在 2019 年谷歌展示量子霸权的计算应用后，"量子"这个词便频繁登上全球媒体版面，变成现代人朗朗上口的通俗名词。然而，对一般人而言，量子力学仍是陌生而可敬畏的，甚至连很多科学家都认为量子计算很神秘，不仅难懂而且成功机会不大。Y2Q 到底何时会到，或者只是像 Y2K 的千年虫一样根本不会出现？本章将介绍量子的本质，以及量子计算与经典计算根本的不同之处，我们将为读者揭开量子计算的神秘面纱，并介绍量子强大的计算能力从何而来，与量子计算的未来。

在本书第二章中，已经介绍了量子论的历史成因与现象，这里再简单回顾一下。19 世纪时，经典物理学家认为，宏观自然现象分两大类型，一种是粒子性，如坚硬且有弹性的物体，有形状和体积，遵守牛顿力学；另一种是波动性，如池中的水波、听到的声波、看到的光波，都是波动现象，会呈现干涉、绕射等特征。当时的科学家认为这两种分类已经可以解释自然界，从力学与热学应用到工业革命的成功，更让物理学家沾沾自喜，以为已经能够充分运用自然的神奇力量造福人类。然而到了 20 世纪，科学家发现在微观系统时，经典物理模型并不完备，有许多地方需要补正。在普朗克、爱因斯坦、玻尔、海森堡、薛定谔以及狄拉克等伟大科学家的共同努力与激辩下，量子力学终于破茧而出。用量子力学语言简单下结论，只有量子测量才能决定是粒子还是波。就像许多人其实有多重个性，是好或是坏，只有真正相处后才知道，并且是如人饮水，冷暖自知。但这也引出一些令人费解的问题，例如微观粒子在各处出现的概率，而不像经典物理中有精确的粒子位置。

一、什么是量子

"量子"的确是个艰涩、深奥的名词，因为现象难懂且不出现在日常生活中，所以常常被量子掮客用来糊弄大众，以致产生了量子水、量子内衣、药丸穿瓶、隔空抓药等让人哭笑不得的产品与骗术。量子概念是近代物理和经典物理最重要的分水岭，最早由德国物理学家普朗克提出，量子一词来自拉丁语"Quantus"，本意为"有多少"，既是构成物质的最基本单元，也是物理世界里最小且不可分割的基本个体。量子并不是一个像电子一样的"子"，也就是说，它不是一个真正的东西，而是一种概念。如果一个物理量存在最小的不可分割的单位，那么这个最小单位就称为"量子"。经典世界中各种物理现象是连续变化的，例如温度、身高、体重等的改变。在微观的世界中，能量的状态是不连续的，是由一小块、一小块的能量共同组成的，而这个最小且不能分割的能量状态，就是量子。在微观世界里，能量、动量等物理量无法无限分割至无穷小，有一个最小基本单位。在微观世界里的这种不可无限分割性，就称为量子化。《墨子·经说下》中也有提到"无""非半"以及"不可斫也"，意思是物质分割到一定程度就不能再分割下去了。

二、量子的特性

因为我们生活在宏观世界中，所以不管是受东方还是西方文化的影响，绝对没有从小与量子共同成长的生活经验。这种放之四海而皆准的"量子疏离化",造成人类直觉反应中是没有量子的,当量子科技突然开始融入日常生活中时,对人们造成了极大的文化与知识冲击,如量子叠加、量子纠缠、量子测量就是其中的代表。

第一,量子叠加。从古至今,在同一时空下,人类只能处在时空中一个特定的状态,但量子在微观世界中则是永远处于多重状态的组合,称为"叠加态",各状态的概率分布是处于随机状态,直到被观测时才会变成确定状态。像飘浮在空中且不断旋转的硬币,硬币不断转动的过程就类似量子叠加出正面和反面的概率,直到硬币落地旋转后,才能确定结果是正面还是反面。这种状况就是常听到的"薛定谔的猫"——箱子没打开前,生或死的状态完全不能确定。这与日常生活经验中对"存在的事物永远有确定状态"的观念是冲突的,客厅中的吊灯是亮或是暗,不可能有模棱两可的答案。但在量子的世界里,物体的确可以处于叠加态,原子大小等级的电灯泡是可以同时处于开启与关闭的状态,而这个在微观世界里的奇怪性质,正是量子计算无限威力的主要来源之一。

第二,量子纠缠。在量子力学中,几个粒子在彼此交互作用后,会形成一个整体的综合状态,已经无法单独描述个别粒子的分别状态,这种现象被称为"量子纠缠"。爱因斯坦称为"鬼魅般的超距作用",是量子力学里最诡异的现象。处于纠缠态的两个粒子,在被测量之前,彼此相关状态是无法确定的,但无论两者相距多远,只要纠缠态不破坏,一旦对其中的一个粒子进行测量,另外的一个粒子的状态也会因此确定下来。量子纠缠不仅为量子运算提供最有效的并行处理方法,而且也是实现量子通信所必备的工具。由于对环境变化非常敏感,所以量子纠缠也可以用来制造非常精确而灵敏的量子传感器。爱因斯坦终其一生，对纠缠态的非定域性的物理是持保留态度的。

第三，量子去相干（Quantum Decoherence）。量子相干性在开放式的量子系统中，会因为与外在环境发生影响作用而恢复变成经典行为，被称为"去相干性"。量子计算机的操作必须保持量子相干态稳定，才能够进行量子运算。量子计算机的各种硬件设计努力方向，主要都在延长相干态的生命期，过去 10 年内的进展是非常显著的。

第四，量子测量。量子测量与经典力学中的测量不同，量子测量会对被测系统产生影响而改变被测系统的状态。量子测量是量子力学的核心问题，单电子的双狭缝干涉实验更让人彻底感受量子测量的神奇之处。

第二节　量子图灵机

一、图灵机与经典计算机

最古老的计算器应该是 3 000 多年前中国发明的算盘。300 多年前，法国人布莱士·帕斯卡尔（Blaise Pascal）利用齿轮推动的原理发明了"加法器"。但在谈及近代的计算机时就离不开图灵机，经典计算机从 40 年前占据整层楼的巨型电子计算器缩小到现在人们可放在背包里的笔记本电脑与智能型手机等，工作的原理本质上都是图灵机。近代计算机速度突飞猛进，可以完成各种无法想象的任务，如果没有"可以有效计算"的图灵机想法，或许仍然会有计算机，但计算机的样貌一定与现在的不同。20世纪初，英国数学家艾伦·图灵（Alan Turing）在 1936 年出版的《论可计算数及其在判定问题上的一个应用》（*On Computable Numbers, with an Application to the Entscheidungs Problem*）中表明，所有可以有效计算的函数或算法都可以由一台图灵机来执行，也就是说，任何程序设计语言编写的计算机程序都可以由计算硬件系统来完成，反之，任何一台图灵机也都可以对应到一种特定算法，通用图灵机成为现代计算机的理论模型。这也被称为邱奇－图灵论题（The Church-Turing Thesis），就是将抽象的计算理论与实际计算硬件相结合的基本理论，奠定了近代计算机科学蓬勃发展的基础。由于"可以有效计算的函数"没有精确定义，邱奇－图灵论题在数学上就不能被严格证明，但图灵机确实可以解决许多实际问题，信息革命也就在模糊而无用的启发式定义中蓬勃发展起来。不过，仍然有许多问题图灵机难以有效解决，包括后来出现的随机算法也无法以有限的指令完成，于是，寻找优于图灵机的崭新计算理论一直是信息界的圣杯。

信息科学的基本单位被称为比特（Bit），是由二进制中的 0与 1 来组成、储存、运算及传递。最简单的方式就是用一个物理二元系统来实现，电子管的开关、光纤中的光脉冲、磁带中的磁化都可以实现二元系统。现在计算机芯片上则以晶体管作为开关，在 0 与 1 间快速切换，进行数字信号的储存及完成各种逻辑运算。经典计算机只能进行快速序列运算，经过数字运算后得到 0 或 1

的确定结果，类似利用电子特性来快速拨动一个大型算盘。计算机中随时都处于 0 或 1 组成的状态，但经典物理学是连续的，而图灵机是离散的 0 或 1，因此要用图灵机来描述经典物理世界，很明显一定有所不足。反观之，量子物理恰巧是不连续的，因此量子图灵机（Quantum Turing Machine，QTM）与量子世界的问题是真正兼容的。具有包括量子并行在内的各种量子特性的通用量子计算机，可以比任何现有传统图灵机更快地执行某些特定概率的计算。1983 年，费曼第一次提出利用量子力学模拟机来实现量子计算，接着保罗·贝尼奥夫（Paul Benioff）设计出一个模型，证明费曼的量子模拟器的确是可行的。1985 年，戴维·多依奇（David Deutsch）发表关于"量子图灵机"的论文，认为如果量子计算机可以实现的话，一定也要限定在图灵机的可计算范围内，因此提出"邱奇 – 图灵 – 多依奇论题"，任何有限可实现的物理系统都能被一台通用量子计算机来模拟。量子图灵机，或者通用量子计算机（Universal Quantum Computer），是一个简单的机器模型来执行量子计算。1993 年，清华大学的姚期智教授提出量子线路的复杂性，这一理论基本上构建了量子计算机的基础。

二、量子图灵机

多依奇的 QTM 和图灵提出的概率图灵机（Probabilistic TM，PTM）有类似定义，除了使用量子概率与一般概率的差别外，在结构上几乎毫无区别。真正差别在于量子状态是由多维度希尔伯特空间的正交基底表达，因此 QTM 中的函数必须量子化，但

TM 本身就是离散的，所以量子化的过程是具体可行的。在 QTM 中，量子系统的演化是经由幺正矩阵（Unitary Matrix）完成的，从初始状态开始后不断执行状态转移，直到到达终止状态。

QTM 和 PTM 的最大区别就在于：一方面，PTM 中执行每一指令后都会进行测量，因此过程中所有信息都会消失不见，而 QTM 只在所有指令执行完成后才进行量子测量，过程中间的所有组合与信息都仍然保留；另一方面，量子概率可以出现破坏性或建设性干涉，所以只要量子算法的指令足够聪明且正确，就可以放大正确结果而直接观测，这在 PTM 指令中是非常难以达成的（见图 5.1）。

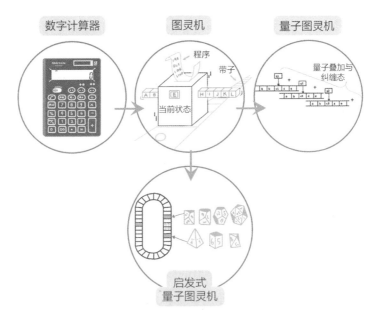

图 5.1　数字计算器、图灵机、启发式量子图灵机与量子图灵机示意图

注：启发式量子图灵机中不一定是 1 与 0 的双能级，可以是多能级。

三、量子计算机起源

对量子计算来说，也许最重要的开始是费曼在 1981 年提出的问题：经典计算是否能够有效地模拟量子系统？经典计算解释宏观物理效果非常好，经典系统的变因与时序通常都是有限的，通过物理系统的运动方程式，可以精确计算出系统每个时刻的变化。在很多领域中，使用超级计算机就可以计算出非常精确的结果，但利用超级计算机来研究微观世界的问题时，有时又变得捉襟见肘。在微观世界中，系统的所有状态都用物质波函数描述，知道波函数就知道系统在该时刻的所有性质。但是精确描述分子波函数是一个浩大的工程，分子的化学性质取决于分子内所有电子的集体行为，而每个电子行为状态又以多种状态叠加的形式存在。更可怕的是，因为量子纠缠，每个电子的量子态又与其他电子的量子态互相关联，高维度的多变因的计算变得需要近乎无限庞大的计算资源。即使是在非常简单的分子中的电子纠缠态，都不是超级计算机可以处理的。因此费曼认为，"大自然不是经典的，如果想要模拟大自然，你最好把它变成是量子力学的。"经典字节组成的计算机无法有效扩展至高维度的希尔伯特空间中处理量子问题，使用 0 或 1 建构计算机是无法模拟自然行为的。

既然超级计算机无法有效模拟量子系统，自然而然的想法就是用已知量子物理系统来获得我们想要的信息。改用本身具有叠加和纠缠态的量子性质的组件，来创造可以操控的且符合量子规律的有效系统，在这系统上模拟任何想要了解的微观体系后，再进行测量结果。量子计算机模型指出，任何微观世界里的行为过程，原则上都能以量子计算机来模拟，在希尔伯特空间中利用线性代数的数学运算来操控量子信息，这种量子线路操控过程被称为"门"。量子计算机使用的运算逻辑门被称为"量子门"，量子门以可逆的幺正转换的方式来操控量子比特，然后测量并输出。通过"门"之间的线路设计，程序设计师可以组合成各种量子逻辑算法解决各种问题。在本书第四章中，我们介绍过可逆运算与经典计算不同，量子门对应数学上的幺正矩阵，是一个可逆过程，运算过程本身无能量耗损，也开启利用量子理论进行量子计算的可能性。不过，量子计算机理论上可行，但多粒子纠缠实现起来非常困难，也易受环境噪声干扰影响，目前容错通用型量子计算机仍待更多努力才可能实现。量子计算机的困难度非常像杂技表演"转盘子"，表演者不仅需要同时用竹竿在高空中转动多个盘子，而且要确保每个盘子都不掉下来。目前的含噪声中等规模量子计算机（Noisy Intermediate-Scale Quantum Computer，NISQ）技术就像只能同时转几个盘子，而通用型量子计算机至少要同时转动上百万个盘子。

第三节　量子比特

在日常生活中，对事物的描述，必须有确定的状态。例如，一个灯泡只有开着或关着的可能状态，不会同时又开又关。经典计算机中的比特也是如此，不是 0 就是 1，每一个经典比特都只能储存一个信息。在量子计算里，量子比特所处的状态在发生测

量之前并没有确定的值，量子叠加可以是 0 和 1 这两个状态的所有概率性的叠加，这是经典计算机无法达成的功能。数学上习惯采用狄拉克符号（$|\psi\rangle$，读音为"ket psai"）来表达量子比特的状态，a 与 b 分别是单位向量在 $|0\rangle$ 与 $|1\rangle$（读音"ket 0"与"ket 1"）的分量，量子态可表示成 $|\psi\rangle = a|0\rangle + b|1\rangle$，出现在 $|0\rangle$ 的概率为模平方 $|a|^2$，出现在 $|1\rangle$ 的概率为模平方 $|b|^2$，两者的模平方和为 1。举例来说，若量子比特状态为 $|\psi\rangle = 0.8|0\rangle + 0.6|1\rangle$，$|0\rangle$ 的概率为 $|a|^2 = |0.8|^2 = 0.64$，$|1\rangle$ 的概率为 $|b|^2 = |0.6|^2 = 0.36$，两者之和一定是 1。量子态也可以用向量来表示状态的线性组合，$|\psi\rangle$ 也可以用矩阵向量来表示：一个量子比特 $|\psi\rangle = \begin{bmatrix} a \\ b \end{bmatrix}$ 且 $|a|^2 + |b|^2 = 1$。

量子比特所有的状态组合也常以几何方式——布洛赫球面（Bloch Sphere）[①] 来可视化表达。经典比特只存在南北极，指向北极对应"1"，指向南极则对应"0"。而量子比特的状态，除南北极外也有无穷多个状态，遍布整个球面。每个状态对应布洛赫球的单位球面上的一个点，不同位置则会同时存在不同比例的 $|0\rangle$ 与 $|1\rangle$ 叠加态。量子比特可以同时表现出数据状态、概率振幅及相位三个部分。在量子比特上进行一个运算，可以从一个量子态变成另一个量子态，或者说，将球面上的一个点转变成另一个点。这种对应布洛赫球面旋转的变换是一种幺正变换。所以，对量子比特做一系列运算就相当于进行一连串的幺正变换，这些计算还是可逆的，也就是说，计算是零耗能的。

---

① 量子力学中，以自旋物理与核磁共振专家费利克斯·布洛赫（Felix Bloch）姓氏命名的布洛赫球面是一种对双态系统中纯态空间的几何表示法。

若我们有 2 个量子比特，每个量子比特个别同时具有 $|0\rangle$ 与 $|1\rangle$ 的状态，整体来看，则会同时对应 $|00\rangle$、$|01\rangle$、$|10\rangle$ 与 $|11\rangle$ 四种状态。这四种状态组成的叠加态表达的可能状态远远超出如图 5.2 中两个单独二维球面的合成。同理，若有 n 个量子比特，则可同时表示 2^n 的状态，量子计算以指数级增长方式拓展出更大的计算空间的能力，此为 n 个只能表达 0 与 1 的经典比特相加是无法比拟的。然而，要增加量子计算机中的量子比特数目的工程技术极为困难，如果做一个量子比特模拟类似于杂技表演中用竹竿转动一个盘子，那么通用量子计算机就像同时转动上千万个盘子时还要求每个盘子都转得一样，如果没有最优秀的量子工程师，这是永远不可能达成的。

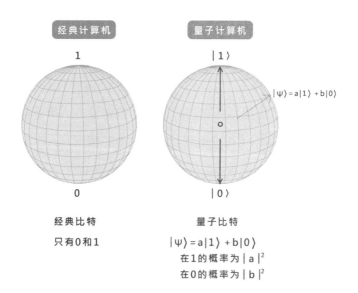

图 5.2　经典比特与量子比特示意图

注：布洛赫球表示量子比特可表达状态球面无限组叠加的可能。

量子计算可以突破经典计算上的限制，使量子计算机得以用特殊方式与难以想象的速度执行极其复杂的计算，解决超级计算机所无法计算的一些问题。但量子计算的潜力在于量子态的不确定性，当与环境相互作用时，量子态会逐渐坍缩到经典确定状态，量子计算便无法进行，如何不破坏量子态又得以进行操控量子比特是极其精微与困难的技术。目前的量子比特主要有：超导回路、离子阱与冷原子、金刚石NV色心、量子点、硅基量子比特、拓扑量子、光子集成电路及核磁共振等，其中超导体、离子阱与光子技术目前发展较为领先。

一、超导体回路

用超导铝做出的LC振荡电路与超导约瑟夫森结（Josephson Junction）结合成一个超导量子比特，LC振荡频率在1千兆赫兹（GHz）左右，等价能量差不多是48毫开尔文[①]（mK）附近，因此需要将超导比特至少置于10—15mK环境之下，以免热噪音破坏量子态。将超导材料线回路冷却至接近绝对零度，使电流在没有电阻的情况下流动，LC电路形成二能级状态的量子比特。这种超导实现的人工原子方案具有很多关键优势，超导量子电路在设计、制备和测量等方面与现有的集成电路系统兼容性较高，并且可以使用传统电子元器件作为控制系统。与单个光子或离子阱

[①] 开尔文（Kelvin），为热力学温标或称绝对温标，是国际单位中的温度单位，常用符号K表示，每变化1K相当于变化1℃。

相比，超导电路中的量子比特也更容易操控，又由于人工原子具有高度可扩展性及通用性，是目前最有希望实现通用量子计算的技术路线之一。但缺点是要使用价格昂贵又耗能的稀释制冷机把温度降至接近绝对零度，否则量子态容易坍缩。近年来，IBM、英特尔、谷歌、本源量子、量旋量子、国盾量子与 Rigetti 等都在超导回路的量子技术上投入庞大的资源进行研发。

二、离子阱与冷原子

离子阱与冷原子的操作方式都是以激光冷却捕捉离子或原子，以自然界的原子或离子作为量子比特。差别主要在使用离子容易利用外在电场或磁场将离子控制在一定范围内，借助电荷与电磁场间的交互作用力控制离子的运动。由于都是自然界的原有粒子，共同优点是稳定纠缠态时间长，逻辑门保真度高，但缺点是操作速度较慢，需要激光冷却技术和超高真空环境，与集成电路的兼容性待开发，导致扩展性受到限制。目前在离子阱技术上领先的企业有 Honeywell 和 IonQ、国仪量子、启科量子、富士康和华翊量子，冷原子则有 Cold Quanta 和 Qu Era。

三、光子

以光子自身的量子特性进行量子计算具有极大的优势。光子本身与环境交互作用非常微弱，所以可以维持很长时间稳定的量子态，保真度高，可在室温和大气环境下操作，可用现有的先进半导体技术实现。但单光子之间没有相互作用，使得光子之间不相互影响，需要依靠光路系统进行运算，相对而言较不容易实现软件可编程的能力，以及快光子计算后的储存效率及与传统集成电路整合问题等，这些都是光量子计算亟待解决的问题。目前使用光子作为量子计算机路径的公司有 PsiQuantum、Xanadu、图灵量子和玻色量子。

四、硅基量子比特

其原理是以硅或锗量子点，或是在高纯度硅中掺杂自旋为 1/2 的离子作为量子比特，有良好的扩展性、可整合特性，且完全基于发展相当成熟的传统半导体工艺。但缺点是量子点的交互作用与量子点的一致性都有待研发改善；而放置杂质在硅中，噪声甚多，杂质位置控制精准度不一，更困难的是使量子比特彼此纠缠，目前可以直接纠缠的比特数仍较低。目前主要有英特尔与本源量子投入硅基量子比特的研发，最佳的结果是澳大利亚新南威尔士大学团队于 2022 年发布的 10 量子比特的结果。

五、拓扑量子

近年来新兴的热门学科，包括量子计算、拓扑学、拓扑量子场论，利用多体系统中的拓扑量子态来操控和储存量子信息。拓扑量子计算的优点包括无须大规模纠错、抗干扰能力强、相干时间可无限延长及两个比特门保真度几乎可达 100%。目前的困难在于具有拓扑比特的材料一直找不到可操控系统，相较于超导、半导体、离子阱等技术，拓扑技术发展还有更长的路要走。微软曾经与荷兰合作这一方面的开发，但并未成功。薛其坤领导的实验团队于 2013 年在《科学》（Science）杂志上发文，首次在拓扑绝缘体的实验上发现拓扑绝缘量子态的量子反常霍尔效应。其实验团队成员之一的贾金锋教授主攻方向是确认拓扑量子比特的马约拉纳零能模的存在和实现编织。中国有关此方向的最近进展例子有：2013 年上海交通大学贾金锋团队在超导 / 拓扑绝缘体异质结中观察到了马约拉纳零能模的迹象；2022 年中科院物理研究所高鸿钧团队在锂铁砷中观察到了这种零能模的阵列，这些工作推动了拓扑量子比特的发展。

六、金刚石氮－空位（NV）色心

人造金刚石的主要缺陷是氮引起的，由于 5A 族的氮比 4A 的碳多出一个电子，但带有自旋的电子被紧紧困于金刚石空缺中，可以作为量子比特使用。自旋缺陷的特征频率与金刚石晶格频率差异极大，所以不会互相干扰，又由于金刚石晶格相当稳定，所以内部自旋被保护不受环境影响。然而，人造金刚石空缺所在位置难以控制，如何做出多个自旋量子比特的量子纠缠，是极大的挑战。目前积极推动的公司有 Quantum Brilliance 与国仪量子。

七、核磁共振

利用核磁共振技术实现量子计算机是当前较为成功的系统之一。与其他量子比特不同，NMR 是属于系综（Ensemble）量子比特，由于不是对单一量子比特进行操控，许多人不认为是真正的量子计算机。目前可达到 7 个量子比特的操作，而一旦达到 10 个以上的量子比特，据称即将可以商业化处理部分小规模优势计算。艾萨克·L.庄（Isaac L. Chuang）的研究团队在 2001 年利用 7 个量子比特进行舒尔算法，将整数 15 因式分解成 3 和 5。目前已商业化运转，专攻教育市场的公司有量旋量子。

物理量子比特（Physical Qubits）通常是指利用各种物理体系做成的量子比特，而逻辑量子比特（Logical Qubits）则是指具有容错与储存技术的逻辑比特。一个有容错功能的逻辑量子比特，可能需要上百到一万左右的物理量子比特组成。通用型的容错量子计算机的基本比特是逻辑量子比特，有 100 个逻辑量子比特的量子计算机，相当于 2^{100} 的经典比特，也就是约 10^{30} 的经典比特的计算机。这大约也是比超级计算机强大的量子霸权出现的能力，如果以晶圆 1 纳米制程工艺来算，这个等价的经典计算机每边长 $10^{10} \times 10^{-9}$ 米 =10 米，大约一个大房间可以放下。如果有一台具有 300 个逻辑量子比特的量子计算机，则约等价于 2^{300} 的经典比特，也就是约 10^{90} 的经典比特的计算机，那么每边长就是 10^{21} 米，远远大于地球半径 6 371 千米。地球的大小大概只能放下等价于 144 个逻辑量了比特的经典计算机（见图 5.3）。

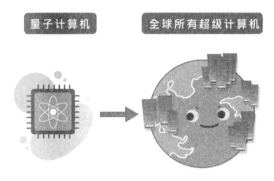

图 5.3　量子计算机大小与地球大小对比示意图

第四节　量子逻辑门与预言机

　　量子计算的基础核心是以物质的量子态来储存信息，并使用量子门操作与计算。预言机 [①]（Oracle）是一个由序列指令的量子门构成，具有特定操作功能的量子电路，也被称为"黑盒子"。黑盒子是指一个看不到内容的盒子，因此不知道内部在做什么，唯一知道的是预言机可以输入资料和输出结果，以实现特定的计算目的及功能。如何有效率地构建量子电路是算法能否取得成功的关键步骤，以下将简述一些基本量子电路及操作。

　　在量子电路中，每条横线代表一个量子比特的操作流程。如图 5.4 所示，基本的量子电路具有初始态、量子门操作及测量三

[①]　预言机，也称神谕或天谕，或黑盒子。

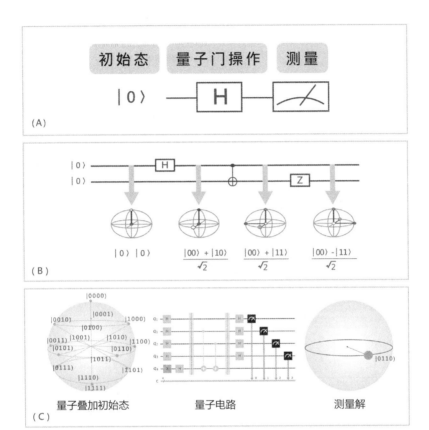

图 5.4　量子比特的操作流程

注：（A）基本量子电路的结构图。（B）双比特的量子门操作的简单范例，由起始态 $|00\rangle$ 开始，阿达马门将第一个 $|0\rangle$ 变成叠加态 $\dfrac{|0\rangle+|1\rangle}{\sqrt{2}}$，紧接着控制非门作用在两个量子比特之后的量子纠缠态是贝尔态[①]的一种形式，泡利 Z 门则等价于绕 Z 轴旋转。（C）用多个量子比特求解时就会出现非常多的指令序列时间线，也称量子五线谱。

————————————

① 贝尔态，属于量子信息学领域的一个术语，用于描述量子比特系统的四种最大纠缠状态。

个基本流程。组成任意的量子门运算需要两种类型的逻辑门。一种是单量子比特门，如阿达马门（Hadamard gate）、泡利 X/Y/Z 门（Pauli-X/Y/Z gate）、相位偏移门（Phase shift gates），另一种是双量子比特逻辑门，如互换门（Swap gate）、控制非门（Controlled-NOT gate）。量子逻辑门的运作属于可逆的幺正变换，因此过程中不会消耗热能，直到测量造成"量子坍缩"（Quantum Collapse）的不可逆操作出现才有能量耗损。我们简单介绍几个必然会用到的量子门（见表 5.1）。

表 5.1　经常使用的量子门示意

操作	Pauli-X(X)	Pauli-Y(Y)	Pauli--Z(Z)	Hadamard(H)	Phase(S, P)
Gate(s)	—[X]—	—[Y]—	—[Z]—	—[H]—	—[S]—
矩阵	$\begin{bmatrix} 0 & 1 \\ 1 & 0 \end{bmatrix}$	$\begin{bmatrix} 0 & -i \\ i & 0 \end{bmatrix}$	$\begin{bmatrix} 1 & 0 \\ 0 & -1 \end{bmatrix}$	$\frac{1}{\sqrt{2}}\begin{bmatrix} 1 & 1 \\ 1 & -1 \end{bmatrix}$	$\begin{bmatrix} 1 & 0 \\ 0 & i \end{bmatrix}$

操作	$\pi/8$(T)	Controlled Not (CNOT, CX)	Controlled Z (CZ)	Swap	Toffoli (CCNOT, CCX, TOFF)
Gate(s)	—[T]—				
矩阵	$\begin{bmatrix} 1 & 0 \\ 0 & e^{i\pi/4} \end{bmatrix}$	$\begin{bmatrix} 1&0&0&0 \\ 0&1&0&0 \\ 0&0&0&1 \\ 0&0&1&0 \end{bmatrix}$	$\begin{bmatrix} 1&0&0&0 \\ 0&1&0&0 \\ 0&0&1&0 \\ 0&0&0&-1 \end{bmatrix}$	$\begin{bmatrix} 1&0&0&0 \\ 0&0&1&0 \\ 0&1&0&0 \\ 0&0&0&1 \end{bmatrix}$	$\begin{bmatrix} 1&0&0&0&0&0&0&0 \\ 0&1&0&0&0&0&0&0 \\ 0&0&1&0&0&0&0&0 \\ 0&0&0&1&0&0&0&0 \\ 0&0&0&0&1&0&0&0 \\ 0&0&0&0&0&1&0&0 \\ 0&0&0&0&0&0&0&1 \\ 0&0&0&0&0&0&1&0 \end{bmatrix}$

一、单量子比特门：针对单一量子比特的操作

（一）阿达马门（量子 H 门）

H 门即为一个基本叠加态的量子门，作用在 $|0\rangle$ 与 $|1\rangle$ 状态时，数学符号表示成：$H|0\rangle = (|0\rangle + |1\rangle)/\sqrt{2}$，$H|1\rangle = (|0\rangle - |1\rangle)/\sqrt{2}$，如果用矩阵形式表达则为：

$$H = \frac{1}{\sqrt{2}}\begin{pmatrix} 1 & 1 \\ 1 & -1 \end{pmatrix}$$

（二）泡利 X 门（称量子非门）

作用于单量子比特的量子非逻辑门，使量子比特的状态从 $|0\rangle \rightarrow |1\rangle$ 或是从 $|1\rangle \rightarrow |0\rangle$，数学符号表示成：$X|0\rangle = |1\rangle$，$X|1\rangle = |0\rangle$，而矩阵形式则为：

$$\sigma_x = \begin{pmatrix} 0 & 1 \\ 1 & 0 \end{pmatrix}$$

二、双量子比特门：牵涉两个比特间的运算

所涉及的两个量子比特间，一是控制量子比特（Control qubit），二是受控的目标比特（Target qubit）。当控制比特是 $|1\rangle$，则目标比特执行泡利 X 门，状态从 $|0\rangle \rightarrow |1\rangle$ 或是从 $|1\rangle \rightarrow |0\rangle$；但当控制比特是 $|0\rangle$ 时，则目标比特为原状态不变。数学符号定义为：CNOT$|00\rangle = |00\rangle$，CNOT$|01\rangle = |01\rangle$，CNOT$|10\rangle = |11\rangle$，CNOT$|11\rangle = |10\rangle$。矩阵形式则为：

$$CNOT = \begin{pmatrix} 1 & 0 & 0 & 0 \\ 0 & 1 & 0 & 0 \\ 0 & 0 & 0 & 1 \\ 0 & 0 & 1 & 0 \end{pmatrix}$$

本书第四章中介绍了一个可逆运算中的关键操作门，控控非门有三路输入和三路输出。如果前两个比特都是 $|1\rangle$，它将第三个比特的状态互换，否则所有状态都保持不变。

图 5.4（B）中有上下两个比特起始状态均为 $|0\rangle$，分别被不同量子门操作。首先上比特被 H 门作用后变成叠加态，然后经过 CNOT 门作用与下比特形成纠缠态。上下比特的纠缠态被泡利 Z 门作用在下比特上，造成纠缠态沿着 Z 轴旋转。三个量子门——H 门、CNOT 门与泡利 Z 门——构成一个称为预言机的简单量子电路，所有过程在测量之前都是可逆的。当有多个量子比特时就会出现非常多的指令序列时间线，且每个指令序列看起来就像五线谱音符一样在量子线路上跳跃着。所以有人称，撰写量子电路程序就像在作曲，而量子计算就像一首交响乐，众多量子比特的乐章在相互和鸣。

三、矩阵乘法

矩阵乘法是两个矩阵相乘操作后得到矩阵积的运算，矩阵乘法是希尔伯特空间内的基础数学工具，通过矩阵乘法可以清楚量子门的操作意义。有兴趣了解更多数学原理的读者可以自行寻找相关数学书籍加强基本知识，以下仅利用操作式说明矩阵乘法的原则。一般牛顿力学的三维空间内，向量有三个单位向量，但如同本书第三章介绍的希尔伯特空间，n 个量子比特就可以延伸出 2^n 的向量空间，也就是有 2^n 个单位向量，这也是量子计算机快速运算的原理。下面以中文字、金、木、水、火、土来代表五维空间的五个单位，则由金、木、水、火、土的五向量元素按照矩阵乘法操作后得出对应矩阵元素，如表 5.2 所示，神奇的是这些组合字在中文中居然都有使用，只是有些字使用较少。下面把少数罕见汉字的发音与意义列出：鎐（音同"篇"），是古代的金属乐器跋；坔通"地"；而鉢通"玺"。

表 5.2　金、木、水、火、土五向量元素之矩阵乘法表范例
（列向量与行向量架构出 5×5 矩阵）

$$
\begin{pmatrix} 金 \\ 木 \\ 水 \\ 火 \\ 土 \end{pmatrix} \times \begin{pmatrix} 金 & 木 & 水 & 火 & 土 \end{pmatrix} = \begin{pmatrix} 鎐 & 鉢 & 淦 & 鈥 & 鈺 \\ 鉢 & 林 & 沐 & 杰 & 杜 \\ 淦 & 沐 & 淼 & 災 & 坔 \\ 鈥 & 杰 & 災 & 炎 & 灶 \\ 鈺 & 杜 & 坔 & 灶 & 圭 \end{pmatrix}
$$

量子比特间存在纠缠态，有很强的相干性或关联性，因此在量子计算机上对特定量子比特执行的操作会同时影响多个纠缠的量子比特。这与经典计算机上的并行运算又不一样，经典二进制的比特本质上是独立运算，每个比特翻转对其他比特没有任何影响，即使并行处理，每个处理器仍然只做一件事情，只是多个处理器在分工合作。但量子比特则由于量子纠缠，彼此相互关联，代表有 100 比特的量子计算机，每一步操作都会影响 2^{100} 种可能的状态组合。2^{100} 组合状态数目已经比地球上已知的原子数还要多，这才是真正的并

行处理。为什么量子模拟是可行的呢？因为量子比特的关键优势就是可以利用量子叠加和比特间纠缠来扩展数学空间维度，这一量子特性让算力能够指数级提升，更有能力去处理庞大的信息。

如果一个人每次走 1 米，走 30 次后可以走多远？经典计算机的做法就是 1×30，也就是 30 米，量子计算机则是 2^{30}，约等于绕地球 26 圈，这种"指数级改变"就是量子计算机的真正威力。每增加一个量子比特，都会将存储的状态加倍：两个量子比特可以储存四种状态，三个量子比特则可以储存八种状态，以此类推。因此，72 个量子比特的量子系统所建立量子态的数目等于 2^{72} 个经典比特的编码才能完成，大约要 26 台 Summit 等级的超级计算机才能实现。拥有强大计算能力的量子计算可以解决对经典计算机而言是难如登天的复杂量子力学系统的模拟问题，这也是量子计算机出现的基础。

第五节　低温电子学

量子比特与经典比特最大的不同之处就在于量子比特对环境非常敏感，量子比特必须处于叠加与纠缠的量子状态下才能有超越经典计算机的各种性能。温度是破坏量子态的重要因素之一，理论上，量子比特必须放置在一个尽量不受外界干扰的低温绝热环境内（$\approx mK$ 或 $\approx -273℃$）。目前半导体组件的工作条件大都是在室温附近，电子元器件的设计参数与量子元器件相差甚多，因此低温电子学（Cryoelectronics）变成未来量子科技发展的重要领域。半导体材料随着温度上升，电子－空穴对（Electron-hole pair）的生成更活跃，实际工作温度则因元器件与材料的种类、构造不同而异。然而，在极低温环境下，许多现在使用的半导体材料可能都已经变成绝缘体了，因此在 mK（≈ –273℃）范围内的传统电子学材料与设计参数都必须重新审视。低温电子学主要指从 77K（≈ –195.79℃）到绝对零度（≈ –273℃）范围内材料与半导体器件的电特性及其应用的科学，当然也包括超导电子学。低温工程与电力电子学的跨领域结合后出现低温电子学，以导体动态电阻在热噪声大幅降低后各种电子元器件的变化与影响为考虑，主要研发方向有量子参数放大器，以及各种低温仪器和电子装置，研究低温的材料、元器件的特性，低温的纯金属、合金、介质、绝缘材料和半导体元器件的应用，低温电子学和超导电子学所需的各类低温装置和低温测试仪表等，都属于低温电子学的研究范畴。

由于量子比特需在极低温的 mK（≈ –273℃）下操作，但控制系统与读出信号仍需传回室温，因此由室温到极低温的转换过程中需要许多低温电子学的崭新设计，这是过去传统半导体科技所没有的专利空白区域，也是目前量子计算机的关键技术与初创公司的专利必争之地。英特尔的超低温环境设计的控制芯片 Horse Ridge 系列，将在 1.1 K（≈ –272℃）左右的电子元器件与在 mK（≈ –273℃）的量子比特有效隔离开，简化了量子芯片制程，也是容错型量子计算机可扩充性的关键技术。

在低温下控制超导量子比特需要微波，因此设计电路必须了解掌控光子与物质相互作用的原理。最天然的量子比特就是原子和光子，而原子和光子之间是光与物质的相互作用，一般称为 Cavity-QED（Cavity Quantum Electrodynamics，腔量子电动力学）。人工原子的超导量子比特与微波间的相互作用，就是模仿自然界中的原子与光子的作用机制，量子电路的物理与数学问题也与 Cavity-QED 基本一致，因此，量子电路问题又被称为 cQED（circuit QED，电路 QED）。cQED 内处理的组件常是混合经典电路与量子系统，因此会有其他电子元器件结合进来。cQED 内模拟的光和物质的自然结构的电路设计，比 Cavity-QED 内天然的光与物质更复杂，因此形成低温电子学里独特的 cQED。这是目前电路设计中全新的方向，也需要更多量子工程师投入，才能有效改善现在量子比特极其敏感与脆弱的状态。

　　量子计算机的实质架构与经典计算机类似，只有许多不同层次的软件与硬件设计组合在一起才能成为商业应用的量子计算机。更复杂的是，由于要保持物质良好的量子特性，所需要的工作环境与目前半导体科技完全不同，因此需要全新的关键技术的研发，以现在最领先的超导量子计算机为例，至少区分成以下三大区域。

一、极低温量子层

　　物理比特与量子操控门所在位置，通常温度在 10mK（≈ −273℃）附近的极低温层，所以量子计算机关键技术基本在这个区块，目前世界大公司与科技发达的国家主要竞争的也是掌握极低温层内的量子关键技术。在接近绝对零度附近工作，关键技术就是必须先要有一个极佳且有效的冷却系统，目前能够商业化生产这种冷却系统的厂商只有两家，分别是英国的 Oxford Instruments 和芬兰的 Bluefors。也因为这是自行掌控的量子计算机绝对必要的关键技术，最近中国企业与 IBM 都在自主研发大型低温的冷却系统，以便容纳未来更多比特的极低温环境。目前量子计算机的全部组件市场中至少有 20% 属于这个极低温层的核心关键技术。

二、低温控制接口层

除了增加量子比特的数量外，由于量子比特极其敏感，如何将控制系统与量子比特尽量靠近以便有效操作，但又不影响其工作环境的温度，这不仅是亟待解决的工程问题，也是未来可扩充的量子计算机必要的设计方向。英特尔与美国超威半导体公司（AMD）最近都提出了有效的工程设计专利。这里的主要功能是控制操作量子比特与低温至室温的信息执行层。温度改变范围通常由 10mK（≈ –273℃）到液态氦的温度 4K（≈ –269℃）附近，这个层面的技术主要是低温电子学的重要发展领域，尤其是具备低温环境操作以及各式量子比特与测控系统之间的系统整合，包括范围极其广泛，许多初创公司都集中在这个领域。针对特定低温电子学的问题发展专利与技术，预计未来的量子计算机市场约有 50% 属于这些初创的技术。现在电子学的各种领域都需要延伸至极低温范围来重新了解设计参数与材料特性，至少有低温 CMOS 组件与各种 ADC、DAC、FPGA 及 GPU 等电路设计，测控系统与各式量子比特间的整合接口研究，量子测控系统链接架构的设计与制作，以及滤波、放大器与微波源，网络分析仪及频谱分析仪极等开发。这部分研发的方向主要是精密微制程与降低成本并开发出更有效的低温电子元器件。

三、近室温层

该区域的技术基本上是现有电子学的延伸，主要是经典计算机与量子计算机的工作接口层，工作温度环境一般由液态氦（4K，–269℃）到液态氮（77.21K，–195.79℃）再到室温（25℃）。主要是针对控制／测量电路与系统整合，由于液态氦与液态氮温度较易控制，且价位合理，加之近室温环境技术相对成熟，过去已经有少量电子学应用的特殊市场需求。未来如何更有效地将4K 的大量信息传递回室温的经典计算机中使用，也需要许多现有电子学组件技术延伸开发，目前该区域约占未来量子计算机硬件市场的 30% 产值。该区域的挑战主要是针对量子算法来布局各种计算机相关设计，同时优化量子计算机的绩效。

量子计算机的发展目前仍属于初期，但量子计算与经典计算整合架构已被认为是未来发展成熟后的最佳计算系统（见图5.5）。依功能分，这种经典与量子整合系统最少有以下三层结构，这三层结构基本上是上述依温度区隔的三个温度层的功能重新整合与定位。近室温层可以使用现有的经典超级计算机技术操控，低温层是量子与经典的接口区，而极低温层就是量子计算机工作区（见图 5.6）。

图 5.5　量子计算机与经典计算机的整合系统

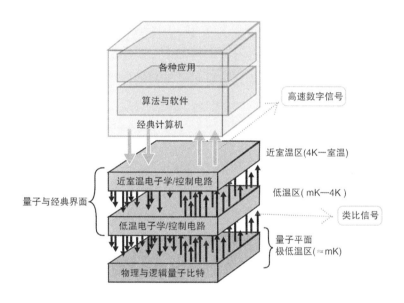

图 5.6　量子计算机与经典计算机的硬件分工层

（一）量子计算机层

　　量子比特所在位置，需在极低温下控制量子比特的运行，包括运算的控制和测量。由于要保持量子态的长相干时间，通常

129

温度在 10mK，这里主要牵涉量子比特的制造与控制的硬件关键技术。

（二）量子与经典界面层

控制量子算法所需的操作和测量顺序，包括确定迭代操作的需要和控制，以及量子层的输出与输入。控制处理器层可以在室温或接近室温下运行，但主要技术在于如何与极低温量子比特区互动，进行测量与信息进出，而又能不干扰量子态。此工作层温度范围一般在 mK 至液态氦温度 4K 左右。由于温度低，因此有许多电子线路设计参数与目前已知电子元器件差异甚大，微波低温电子学的应用变得极重要，也是量子初创公司等接口设备公司强烈竞争之处。

（三）经典计算机层

超级计算机除了读取量子与经典接口层的结果外，也负责与大型存储数组和网络的互动，以及用户友善界面指令的分析与传达。此区域的温度范围基本上是室温至 4K 附近，基本技术与目前半导体电子学类似。许多初创公司与研发团队也在致力于创建好用的量子经典整合系统，主要开发方向有：一是有效连接量子和经典计算机的混合硬件环境，二是开发量子与经典综合算法。英伟达（Nvidia）在第十届互联网大会（ISC 2022）上宣布研发经典计算机与量子计算机的混合架构主要旨在让 GPU 与 QPU 之间建立快速、低延迟的总线，通过 GPU 加速电路优化、校准和纠错等传统运算负载。

第六节　量子线路电子设计自动化

被誉为"芯片之母"的电子设计自动化（Electronic Design Automation，EDA）技术，是 IC 设计中不可或缺的角色。跨国公司 Synopsys、Cadence、Mentor 早已垄断全球 EDA 市场，该技术也是中国芯片发展长期被"卡脖子"的技术之一。在 EDA 软件中，计算机辅助技术（Technology Computer Aided Design，TCAD）是半导体工艺和器件仿真软件，也是 EDA 的核心技术。随着量子计算机的快速发展，由于物理特性与低温电子学环境极为不同，传统 EDA 软件完全无法设计量子芯片。目前量子线路 EDA（Quantum EDA，QEDA）仍属于初期研发竞争阶段，美国桑迪亚国家实验室、IBM、芬兰 IQM、荷兰代尔夫特理工大学都在积极进行，加拿大 Nanoacademic Technologies 已发布 QTCAD 的商业化量子 TCAD 工具。我国合肥的本源量子于 2022 年开发出国产量子芯片设计软件"本源坤元"（Origin Unit），希望在 QEDA 发展初期能够"换道超车"，避免重蹈以往 EDA 技术受制于人的覆辙。

第七节　量子计算机的种类

量子计算机可分成四大类型：通用量子计算机、特定功能量子计算机、启发式量子计算机、教育型量子计算机（见图5.7）。

图 5.7　量子计算机的种类

（一）通用量子计算机

通用量子计算机是可以执行任意量子算法的量子计算机，通常是由许多逻辑量子比特组成的物理系统。针对不同问题，利用量子逻辑门建立特别量子电路，来执行各种量子算法，例如：要对极大整数进行质因子分解就要建立秀尔算法的量子电路后执行；或是要进行随机的数据库搜索，就执行格罗夫算法的量子电路。目前，量子算法不多，只能针对"特定运算"进行加速，对于量子计算最重要的是了解哪些问题适用量子计算机，同时设计出效能比经典计算机更好的算法。通用量子计算机利用叠加与纠缠态，配合量子算法处理特定的复杂度高的问题的确有极大的优势，量子计算机目前广泛使用量子电路，也就是在量子比特上执行一系列的逻辑操作来实现量子计算。这些逻辑操作包括：量子比特的初始化、量子态的幺正变换，以及对量子比特信息的读取。但目前真正的困境是如何建造一部完美的容错量子计算机。根据 2000 年提出的迪文森佐准则（DiVincenzo's Criteria），量子计算机必须满足以下五个条件：高扩展性（Scalability）、量子状态初始的简单基准（Simple Fiducial State）、长相关退相干时间（Long Relevant Decoherence Time）、通用量子门（Universal Quantum Gate）与测量量子态的能力。IBM 也提出量子体积（Quantum Volume，QV）作为评估量子计算机效能的基本指标。量子体积与量子比特的数目、比特连接性大小、相干时间长短、操作保真度高低、测量误差及量子电路效率都有关系。量子体积越大，量子运算能力越强，越可能解决复杂的实际问题，例如，化学和新药研发、财务金融上的资产分配等。IBM 与 Honeywell 都宣称，2025 年左右将推出有足够大的量子体积的量子计算机来解决实际的社会与自然问题。IBM 在 2021 年又提出与量子处理器执行电路速度相关的指标，被称为每秒电路层操作（Circuit Layer Operations Per Second，CLOPS）。

（二）特定功能量子计算机

特定功能量子计算机只能执行特定的量子算法，如果要处理原设计功能之外的计算就必须更改硬件或设备，与通用型量子计算机可以随意变更执行计算程序完全不同。例如，D-Wave 公司使用量子退火进行的全局最优解计算，中国的"九章"使用多光子干涉仪进行"高斯玻色采样"（Gaussian Boson Sampling）计算等，都属于此类特定功能的量子计算机。目前特定功能的量子计算机主要有两大类：量子退火计算机（Quantum Annealer）与量子类比模拟器（Quantum Analog Simulator）。利用量子组件的量子隧穿效应，只解决数学中最佳解的问题，实现某种特定量子算法的专属计算机，被称为量子退火计算机。另外一种是量子类比模拟器，设计一个人工制作的可操控量子系统来模拟自然界的天然量子系统，最近澳大利亚 SQC 团队制作原子规模的量子集成电路来模拟有机聚乙炔分子的量子态，并证明量子系统建模技术的有效性。未来无论是药物、电池材料还是催化剂都有可能利用量子类比模拟器来研发从未存在的新材料。

（三）启发式量子计算机

利用经典数位或模拟电子元器件模拟量子隧穿的行为，专门处理全局最优解计算。利用半导体技术来设计与仿真量子算法的特殊功能芯片，可在常温下执行，目前如富士通、东芝、日立等公司都已制成可供操作的芯片与机器。

（四）教育型量子计算机

利用核磁共振的 2 量子比特教学计算机与金刚石 NV 色心的 2 量子比特的教学型量子计算机已经商业化，其主要优势为可在室温运行，缺点是只有 2 个量子比特，无法做任何有实际意义和功能的计算，但可以展示与操作量子计算基本功能的教学。

第八节　量子纠错与容错

目前大部分的物理量子比特能维持量子态的时间都远小于一秒，与经典计算机中的晶体管连续运行而不出错的时间相比，相差甚远。因此使用量子纠错（Quantum Error Correction，QEC）是实现可容错通用量子计算的核心问题，没有量子纠错，就无法进行真实问题的量子计算。量子纠错是一种算法，旨在识别和修复量子计算机中的错误。量子计算机中的二能级被称为物理量子比特，而有 QEC 功能的量子比特则被称为逻辑量子比特。在量子纠错中，一个逻辑量子比特需要多个物理量子比特共同组成，逻辑量子比特才是在容错的通用型量子计算机中用来存储信息和计算的基本组件。具有 QEC 功能的通用型量子计算机，可实现最复杂的量子算法，量子容错需要数量巨大的低错误率的逻辑量子比特，远远超出现有技术水平，目前的挑战是如何制造容错量子计算机。计算编码时用到的 n 个量子比特被称为物理量子比特，使用 QEC 技术的 k 个量子比特被称为逻辑量子比特。在容错型量子计算机中，以目前的技术，不仅 k 远远小于 n，甚至可以说连一个真正逻辑量子比特都还无法做到。

量子态的退相干会导致比特错误和相位错误，比特错误导致

|0〉和 |1〉模平方值发生改变，相位错误导致叠加态的相位发生变化。对叠加态 a|0〉+ b|1〉而言，比特错误使得状态变为 c|0〉+ d|1〉，相位错误则导致状态可能变成 a|0〉– b|1〉。经典计算机中也有比特错误，而相位错误则是量子计算机特有的。1997 年，阿列克谢·基塔耶夫（Alexei Kitaev）提出了拓扑码，根据边界条件的不同，也被称为表面码。对于量子计算来说，目前表面码可能是 QEC 的最好理论选择。但表面码在实际应用时，会受到邻近比特的频率干扰，从而产生严重噪声问题。因此 IBM 发展出重六角码（Heavy Hexagon Code），结合了表面码与 Bacon-Shorv 格点码的共同优点，缺点是与邻近量子比特的链接性减少。重六角码是在实验、理论和应用程序三者之间妥协后的最佳设计，虽然在拓扑结构上比表面码更复杂，但是对于纠错有显著好处。最重要的是重六角码不仅能大幅度减少邻近量子比特的频率碰撞概率和应用时的量子比特错误，而且重六角码还具有可扩展性，是组成大规模的通用型量子计算机的重大进展与突破。容错的通用型量子计算机是长期发展目标，还需要一段时间才能实现，但目前 IBM 已开发出 127 量子比特的 Eagle 量子芯片，而模拟 Eagle 所需要的经典比特已经约等于地球上所有人的总原子数目，换言之，Eagle 芯片的计算组态，已不是超级计算机可以比拟的，而 433 量子比特的 Osprey 更比 Eagle 好了十倍。

含噪声中等规模量子计算机（NISQ），由美国的约翰·裴士基（John Preskill）提出，拥有 50 至 100 量子比特的高保真量子门的计算机，便可称为 NISQ 计算机。容错量子计算机是长期发展目标，还需要很长时间才能实现，但目前一台有几十个以上量

子比特的量子计算机，计算能力就已经不是超级计算机可以相比的，所以在 NISQ 上进行一些有价值的量子计算仍然有极大意义。但在 NISQ 上，除了要发展相应的量子算法，还需要解决计算错误的问题。由于量子比特数有限，所以逻辑量子比特的 QEC 做法显然不适用，而必须在计算中使用误差抑制（Error mitigation）的做法，目前常用的有：概率成功尝试（Probability successful trial）、误差外推（Error expolation）、模平方值修正（Modulus scaling）等方法。受制于现有技术所能提供的量子比特数量，NISQ 计算应该是近期内量子计算机实现应用的唯一可能。利用量子误差抑制，我们可以进行不需要太多量子门操作的量子计算，例如，变分量子算法就能够在这些限制条件下运行，并且可解决某些经典计算机难以解决的量子化学和材料科学中的重要问题。由于变分量子算法涉及大规模参数优化并依赖于初期选取的尝试量子电路，目前仍然属于启发式（Heuristic）应用，与经典计算机相比，无法证明其量子优势。

小　结

近年来，随着量子科技应运而生，世界也发生了翻天覆地的变化，IBM 的量子计算机路线图显示，2025—2030 年将是容错的通用型量子计算机出现的时间点，也就是 Y2Q 的开始。目前，NISQ 与量子退火的 QCaaS 在许多应用领域中已开始展现量子优势。尽管量子计算机与计算目前开始跃升至准商业化状态，但仍面临诸多困难挑战。例如，量子比特必须有足够的保真度、一致性和可扩展性，才可能实现大规模商业应用。目前量子比特的发展仍然属于多元竞逐的状态，虽然超导比特与离子阱比特目前处于领先地位，但最终结果如何，仍有待时间证明。低温控制关键技术必须在量子比特的控制与发送过程中能够避免热噪声的影响，有效而便宜的低温技术也有待改进。当然，量子计算也需要特定的算法，目前已有的算法仍不足以支持大量市场需求，尚需要更多新而有效的量子算法开发。此外，量子计算机的技术与经典计算机间仍有很大差异，量子计算机开发过程是否可以出现类似经典计算机发展的摩尔定律仍有待观察，但是量子科技确实已经由研究转化为工程阶段，亟须大量工程师参与开发工作，未来各种产业也必将因为各国人力与物力的投入而逐渐成熟与完善。

虽然量子计算目前只在特定几个问题上表现得比经典计算机优越，但由于量子特性，量子计算机相较于经典计算机在速度及拓展性上更具优势。量子计算机的主要工作不是单纯的加减乘除、文字输入等，而是处理一些经典计算机难以在合理时间内求解却可以在量子计算机上解决的 NP 困难问题。通过特定的物理系统映射出相应的数学模型，或是逻辑门的操作后，再利用量子叠加和纠缠等特性，对高复杂度的大数分解、量子化学、量子人工智能等问题，提供高效率的解决方案。无论是远期的容错量子计算还是近期的 NISQ 量子计算，实用量子计算机都需要不少低错误率量子比特，因此绝对需要量子技术的再突破。量子计算机不是用来取代经典计算机，而是与经典计算机彼此互补，所以与经典计算机分工合作并取长补短是重要方向。一般如在下载网页和计算机游戏图形处理上，经典计算机肯定表现得更好，但在机器学习中，图像语音识别以及处理大数据等问题，量子计算会有优势。量子计算能从由信息流中获取的庞杂数据进行实时分析，再经由经典计算机将这些有用的数据转换成用户熟悉的结果后，提供给使用者作为实时分析决策的依据，相信未来的竞争优势会流向懂得应用量子计算与经典计算整合的公司。中国科学技术大学的郭国平教授常说，"高筑墙、广积粮、缓称王"是推动量子计算产业的战略。"高筑墙"，是筑牢量子计算技术的高墙；"广积粮"，是广泛对接工程及应用的资源；"缓称王"，是不急于上市与变现。目前中国的科技环境成熟，人力资源充足，在"第二次量子科技革命"的世界隐形竞争下，"同行致远，稳扎稳打"是所有在量子科技领域中努力的从业人员必须要有的心态。

量子计算机是应用工具，将颠覆几乎所有的行业，在金融、军事、情报、环境、深海探测、药物设计和发现、航空航天工程、核聚变、聚合物设计、人工智能、大数据等领域都将做出巨大贡献。量子计算机不仅将解决生命中所有最复杂的问题和奥秘，很快也将充当机器人的大脑，现在正是产学研与政府思考量子计算机的定位及对未来的影响的最佳时机。尽管量子计算机上的物理量子比特数目已经超过433比特，但由于量子相干时间太短，在执行量子算法的量子门线路深度还远远不够，所以即便量子演算概念上已被证明可行，其与实际应用仍有距离。此外，量子比特在计算过程中的错误率仍然很高，虽然可以采用误差修正与量子容错计算来挽救，但付出的辅助量子比特的代价则是巨大的。以超导量子系统的表面码量子容错计算来说，就算单一量子门操作的错误率低至 0.1％，至少需要以 1 000—10 000 个物理量子比特来编码一个逻辑量子比特，才能达到算法的精度，从而造成量子计算机制作的难度与量子算法的复杂度。在真正通用的容错型量子计算机问世之前，NISQ 的应用已经逐渐出现并显示优势。与此同时，硬件的发展也是一日千里，量子计算机的尼文定律（Neven's Law）的双指数成长率远比摩尔定律每两年成长一倍更快速。IBM 已宣布，2025 年将有 4 000 物理量子比特以上的 Kookaburra 量子计算机，并进行 QEC 及经典与量子计算机系统整合。许多现有科技产业将在"第二次量子科技革命"后出现巨大变化，我们必须准备进入一个崭新的量子时代，相较过去经典时代开始有着指数级的变化。

量子计算机已经到达 NISQ 阶段，量子优势已在部分产业显现，未来会达到通用容错型量子计算机并进而与超级计算机整合。蒙卦表山水蒙，革卦表泽火革，彼此错卦，错综其数，通其变，遂成天下之文。无有远近幽深，遂知来物。量子霸权时代，事物虽错综复杂，却无远近幽深，一切了然于胸，有诗曰：

> 浑元幻化天工巧，量子鸿蒙万物出，
> 革易纠缠神算在，错综通变远深无。

第六章
量子算法

割之弥细，所失弥少，割之又割，以至于不可割，则与圆周合体而无所失矣。

——刘徽

经典计算就像独奏的声音，只是美妙音符的单纯串接。量子计算就像一首交响乐，众多天使乐章相互和鸣。

——[美国] 赛斯·劳埃德

第一节 什么是算法

大家常用的各种手机应用软件，不同业者都有自己独门的算法与特殊功能。之所以用户常会觉得某些软件好用或是特别友善，主要的原因就是软件算法的好坏。但算法到底是什么？算法是解决特定问题的有效且按部就班的实施步骤，小学时常用的欧几里得算法就是一种标准算法，而计算机则是可以执行任何算法的通用型机器。算法的英文为"Algorithm"，是 9 世纪波斯伟大的数学家阿尔－花剌子模（Al-Khwarizmi）的拉丁译名。"花剌子模法"利用"移项"与"消去"的制式步骤求解一元二次方程组，这些序列步骤在现代称为"程序"或是"算法"。算法在中国古代则称为"术"，最早出现在《周髀算经》《九章算术》。特别是《九章算术》，给出四则运算、最大公约数、最小公倍数、开平方根、开立方根、线性方程组求解的算法，而魏晋时期的刘徽用割圆术给出利用迭代程序计算圆周率到任意精确度的算法。但是只有算法却没有良好的实施算法的工具是无法完成任何具体计算工作的，所以刘徽当时利用他的极限算法只能先分割圆为 192 边形，

并估计出圆周率 π 为 157÷50=3.14，再计算出正 3 072 边形的面积，求得圆周率 π=3 927÷1 250=3.1416，称为徽率。刘徽为《九章算术》写的注文明白指出："割之弥细，所失弥少；割之又割，以至于不可割，则与圆周合体而无所失矣。"刘徽知道极限的概念，也知道以正多边形继续分割圆可以更准确地逼近 π 值，但是他没有合适的工具可以将割圆术发挥到极限，计算机的出现使各种算法得以真正发挥。

阿达·洛芙莱斯（Ada Lovelace Byron）是真正认识计算机潜能的第一人。她主张计算机不仅可以像手指或是算盘计数，而且也能处理复杂的运算，她也是最早的程序设计师，曾经发表解伯努利微分方程的算法。算法是计算机处理信息的重要步骤，用来执行一个指定的任务，可以用来计算薪水或打印各种报表，也可以用来解积分方程甚至协助做出决策。当算法处理信息时，会先从输入设备读取数据，利用算法的指令序列处理数据，然后将结果写入输出装置。不管何种计算机，如果没有算法，都无法处理任何事情。简单说，算法是由有限序列指令所构成，用来解决特定的问题。假设有个问题是煮速冻水饺，算法就是如何煮速冻水饺的程序，可见如下步骤：

- 步骤1：从冰箱里拿出速冻水饺；
- 步骤2：准备煮锅；
- 步骤3：放入足够的水，开火后加热至水滚沸；
- 步骤4：将速冻水饺放入锅中；
- 步骤5：待水再度滚沸后加入冷水少许，此步骤重复三次；

- 步骤6：将煮熟的水饺放入餐盘中。

步骤 1 就是计算机的输入设备，步骤 6 就是输出装置，而步骤 2 就是选择执行算法指令的硬件系统。由于加热效果与容量不同，选取平底锅还是圆底锅也会使得水饺的口味不同，这就是"工欲善其事，必先利其器"的道理。步骤 3 至步骤 5 就是煮水饺的算法，其中步骤 5 更是煮出好吃水饺的重要递归步骤，重复点水三次的目的是通过冷水让水饺的温度下降。降温有两个目的，一是希望加热均匀，避免外部饺皮过熟而内部饺馅仍然未熟，二是避免饺皮因高温糊化，温度略为下降可使饺皮更有弹性从而增加好的口感。只要算法足够清楚与有效，任何人都可以依据算法做出好吃的水饺。虽然很多人知道煮水饺要点水三次，却不理解为何要做此重复的步骤，这也是算法的精髓所在，让大众在"知其然不知其所然"的状况下都可获得完美的结果（见图 6.1）。

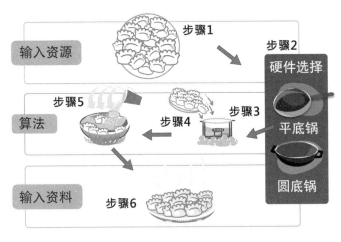

图 6.1　煮速冻水饺的算法与执行算法的锅具选择

第二节　量子算法

　　虽然算法是解决问题的逻辑思维与步骤，但是也会依据工具与环境的不同而适当调整步骤。在有小圆格的煎锅上很容易煎出圆形荷包蛋，而在大平锅上煎出的荷包蛋形状就可能会是多边形。经典算法是在经典计算机上执行，利用有限的指令序列与步骤来解决问题。同样的，量子算法则需要在量子计算机上执行。本书前几章中介绍了量子计算机和经典计算机最主要的差异在于经典比特与量子比特，例如，量子叠加、量子纠缠甚至量子测量，这些特性在经典计算机中并不存在，因此量子算法与经典算法的逻辑思维完全不一样。量子算法中除了有量子电路模型，还有量子绝热计算（Quantum Adiabatic Computation）等模型，都可以实现比经典算法快速的量子算法。为了能充分利用这些特殊的量子性质，如何设计出实用且高效的量子算法就成了当前相当重要的课题。目前已经知道，在某些问题上，量子计算机相较于经典计算机具有非常大的优势，例如质因子分解，可以利用量子算法将计算时间大幅减少，把需要数百万年才能计算的问题转变成在有限时间内就能解决的问题。量子计算机只是工具，量子算法就是在适当工具上的操作步骤，再好的机器也必须要有完美的算法才能真正发挥功能。量子算法与量子计算机就像形与神，缺一不可，只有量子计算机没有量子算法，不会发挥太多作用。量子计算科学家的首要任务之一，就是要针对个别问题找出量子计算机的最佳运行步骤，借此解决目前经典计算机的困难问题。下面会分成三部分来介绍量子算法，包括多依奇 – 乔萨（Deutsch-Jozsa）算法，混合式量子算法以及可容错[①]量子计算机上的算法。

一、Deutsch-Jozsa 算法

1985 年，戴维·多依奇处理的一个比特（0 或 1）输入黑盒子机器（数学上就是 f 函数）后的输出问题［f（0）或是 f（1）］，后来在 1992 年由多依奇与理查德·乔萨（Richard Jozsa）一起将一个比特问题推广到多个比特在黑盒子的输出问题，展示了量子计算的强大加速能力。到目前为止，尽管这个算法没有任何实际应用，但是 Deutsch-Josza 算法是第一个展示出比任何经典算法都要有指数级加速作用的量子算法，因此开启了其他量子算法的发展与应用研究方向。这里仅用非数学的直觉语言来阐释 Deutsch-Jozsa 算法。

可以用图 6.2 的经典球售货机（f 函数）来理解，如图 6.2 所示，将一枚硬币投入售货机中就会滚出一颗球，如果手中有一枚金币（0）和一枚银币（1），而售货机中滚出的可能是黑球［f（0）］或白球［f（1）］，金币与银币分别投入售货机后，滚

---

① 可容错（Fault-tolerance）：是指当计算机发生比特错误时，计算机本身有自我修改错误的功能。

出来黑球或白球的机会相同，且一枚硬币只能购买一颗球。而售货机在金币与银币分别投入后，甲都会购得相同颜色的球，或是乙分别购得不同颜色的球？对于经典计算机而言，只有将两枚硬币都投入售货机后才可能知道最后滚出的球是图 6.2 中的甲还是乙的状态，数学上称甲状态为常数（Constant，多对 1 映射①），而乙状态为平衡（Balance，1 对 1 映射）。

Deutsch 算法巧妙地利用量子力学的叠加与纠缠特性，只投一枚量子硬币就可以解决这个问题。下面是 Deutsch 算法的步骤，这里我们不尝试证明数学，只是单纯叙述算法的逻辑。首先在投入售货机前，先利用第五章中所提及的阿达马门（H 门）对手上的金币与银币进行操作，用 H 门将金币与银币分别转换成有叠加态的"量子硬币"。量子电路中的 H 门的功能可以想象成一种经典硬币的修改工具，当在经典硬币上使用这个工具时，经典的金币与银币就会变成银币和金币的组合"量子硬币"。量子硬币有两个特征：一是一旦测量"量子硬币"时，"量子硬币"各有 50% 的机会被发现是经典金币或经典银币；二是在"量子硬币"上，只要再使用一次 H 门时，"量子硬币"就会还原成经典金币或银币状态。

---

① 在数学里，"映射"是个术语，指两个集合之间元素相互"对应"的关系，为名词。在数学及相关的领域，经常等同于函数。基于此，部分映射就相当于部分函数，而完全映射相当于完全函数。

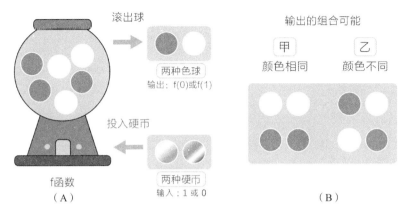

图 6.2　经典球售货机

注：（A）两枚不同硬币分别投入经典球售货机 f（x），一枚硬币投入后可滚出一枚色球，售货机内装有黑与白两种色球，这种就是输入黑盒子机器后输出的映射问题。（B）两枚不同硬币投入后，滚出来的色球组合状态，可以分为两类：同样颜色球的常数态，或是不同颜色色球的平衡态。经典计算机计算时，必须投入两次硬币后才能知道售货机滚出球的组合结果，但 Deutsch-Josza 量子算法可以只投入一枚硬币就知道组合结果。

　　Deutsch 算法进一步把经典球售货机（f）也转化成一种特殊的量子售货机（U_f），量子售货机里内建一个 CNOT 门。CNOT门的功能很特殊，能够创造纠缠性，使得量子金币的测量结果影响经典硬币的色球输出。如图 6.3 所示，把有叠加态的量子金币与量子银币都投入量子售货机后，直觉告诉我们，由于量子金币具有经典金币与经典银币的叠加态，滚出的色球组合也应是黑球与白球的叠加态。当量子金币与量子银币分别投入量子售货机（U_f）时，机器出口会分别滚出一个量子金币，以及另一个由量子金币经过量子售货机后的输出色球叠加态与投入量子银币的纠缠结果。当最后对投入的量子金币再做一次 H 门后，因为 H 门的特殊性质，"量子硬币"会还原回到经典金币或银币的状态。这时如果测量到的结果是经典金币，则分别投入经典金币与经典银币到如图 6.2 的经典球售货机内，都会滚出黑球或白球，也就是甲的常数状态；反之，如果测量量子金币中得到的是经典银币，这时分别投入经典球售货机的经典金币与经典银币则会得到不同颜色的球，即为乙的平衡状态。Deutsch 算法在只测量一个量子硬币的状况下就确定了经典球售货机滚出两个色球的组合状态。

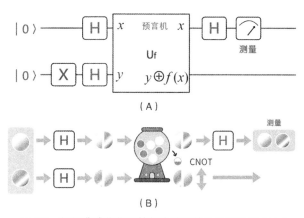

（A）

（B）

图 6.3　把经典球售货机转化成特殊的量子售货机（U_f）

注：Deutsch 的量子售货机的（U_f）特殊功能在输出右下方的 $y \oplus f(x)$，U_f 也就是量子预言机。（A）Deutsch 量子算法的量子电路图，可以一石二鸟，用测量一个量子硬币决定两个经典硬币的输出组合。（B）金币与银币的量子电路中转变过程示意图，CNOT 门在量子售货机中的功能类似经典逻辑电路中互斥或门的功能。

Deutsch 算法等价于利用量子的叠加与纠缠特性创造出一个希尔伯特空间中崭新的量子售货机，只要测量一枚投入的量子硬币，经典机器中滚出色球的组合结果便可立刻确定。这种硬币投入售货机后滚出色球的现象，在数学上被称为"映射"，很明显的，在架构出恰当的量子售货机（U_f）的形式后，Deutsch 算法确实比经典算法可以使用更少计算过程就可得出映射后的结果。Deutsch 算法与经典算法的一个硬币滚出一个色球的做法相比，就是利用量子特性开发出了有叠加态的量子硬币与内设纠缠特性的量子售货机（U_f），进而达成一石二鸟的聪明做法。Deutsch-Jozsa 算法就是将此方法扩展到 N 个硬币的状况，也就变成更厉害的"一石 N 鸟"的指数加速打猎法。

二、混合式量子算法

20 世纪三四十年代是计算机科技的萌芽时期，当时的经典计算机体积庞大且计算效能不高，目前的量子计算机也存在类似的缺点。量子计算机现在只有 433 个物理量子比特（Physical Qubit），能处理的问题规模不大，且不能自我纠错，与通用容错型量子计算机仍有相当大的差距。虽然量子计算机目前有许多缺陷，但仍可利用小规模量子计算机与经典计算机互相搭配以进行计算。利用分工的概念，让量子计算机和经典计算机彼此取长补短。一方面，目前量子计算机中的量子信息会随时间增加而自动消散，并使得错误率逐渐增加，因此无法进行大规模而长久的量子运算。另一方面，经典计算机虽然错误率很低且可自我纠错，但受经典比特本身限制，无法有效率地计算庞大变量的大型问题。因此，结合经典计算机与量子计算机，就是近期 NISQ 的主流方法。著名的变分量子特征求解算法（Variational Quantum EigenSolver，VQE）正是属于这种混合式算法的架构（见图 6.4）。

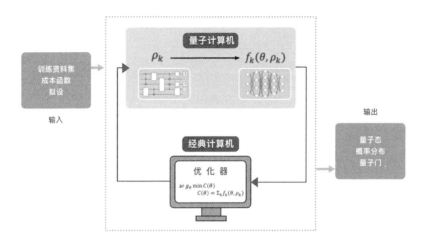

图 6.4 经典计算机与量子计算机整合结构示意图

生物体内任何一个简单的化学生物反应，对经典计算机而言都是规模过大而无法正确模拟处理的，因此使用量子计算机进行相关量子物理化学仿真是不二选择。描述一个物理系统需要哈密顿量[①]（Hamiltonian），哈密顿量里包含整体系统的所有信息，动能、势能以及不同粒子之间的相互作用。当所有电子的状态处于最低能量态时，分子会处于最稳定的状态，但若分子吸收外加能量（如电磁波），分子里的电子会跃迁到激发态，形成较不稳定的状态。计算这些原子与分子的信息可以帮助科学家掌握化学分子的特性及相关化学反应的路径，大量缩短药物开发及制药等的时程，而 VQE 正是处理这方面问题的特殊算法。

在变分量子算法的架构中需要量子计算机和经典计算机的相互配合，量子计算机负责量子态的制备与演算，而经典计算机则

---

① 哈密顿量是一个物理词汇，也是一个描述系统总能量的算符，以 H 表示。

负责参数的优化与量子态输入与输出准备。变分量子算法的工作流程分成量子计算机与经典计算机两个部分。将系统的哈密顿量以二次量子化（Second quantization）[1] 的形式写下包含各个电子与原子核之间的交互作用，但在实际情况中，分子中不同的电子与原子核彼此会互相作用与影响，几乎不可能解出精确的原子核与电子的波函数形式，因此需要使用一些近似简化系统的哈密顿量 [2]。使用量子门先建构出分子系统的拟设态（Ansatz），拟设态内含有一些可供经典计算机优化的调整参数，接着就由量子计算机与经典计算机的相互配合来计算出分子的基态能量。变分量子算法其实就是用一个经典优化器来训练一个量子线路机器的过程，而如此通过经典优化器来得出模型参数的过程与机器学习的过程颇为相似。我们先建造出拟设态，在计算过程中，我们利用经典计算机对量子计算机进行优化训练，一直调整到最佳的结果产生出来。

三、可容错量子计算机上的算法

（一）秀尔算法

随着通信科技与因特网的兴起，信息的分享无时无刻不在全球各时间段发生，大大地提升了人类生活的便利性。新冠肺炎疫情时期，人们多数居家工作，只需通过加密软件辅助，就可以从

---

[1] 表示成这样的形式是较能体现出多电子体系的波函数行为。

[2] 考虑玻恩 – 奥本海默近似（Born-Oppenheimer approximation）。

远程进入公司的计算机进行工作。在家想购买网络上的各种食物及用品，只要通过因特网下单即可轻松在家等货物送上门。然而，这些都需要安全的通信措施以确保个人信息不被窃取，因此各种加密技术也应运而生，目前公认最难破解的加密技术之一当属 RSA[①] 非对称式加密算法。

现行加密系统分成两大类：对称式加密和非对称式加密（见图 6.5）。对称式加密是共同协议一把密钥，在发送文件之前，先使用密钥将机密文件转译成密文，以确保传递过程的安全性。当这封加密文件传达时，接收者使用相同密钥对密文进行解译即可。传递者与接收者之间也可以使用非对称式加密，就是加密和解密的过程分别使用不一样的钥匙。公钥用于加密，而私钥用于解密，因而称为"非对称式"。传递者先制备公钥与私钥各一把，公钥可以公开，而私钥必须由个人妥善保管。当接收者用公钥将文件转译成密文后，传递者只需要借助私钥将所收到的文件转译回来即可。对称式加密和非对称式加密各有优缺点，对称式加密中，双方密钥的保管及传递是重要的，传递密钥的通道不够安全则可能被外人窃取。尽管非对称式加密没有密钥传递安全性的问题，但通常加解密过程中会牵涉更复杂的数学计算，因此效率不如对称式加密，在实际情况中，两者常互相搭配使用。

---

① RSA 非对称式加密算法的名称是由三位科学家姓名所组成，分别是 Ron Rivest、Adi Shamir、Leonard Adleman。

对称式加密系统

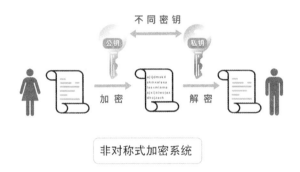

非对称式加密系统

图 6.5　对称式与非对称式加密系统示意图

　　RSA 加密是非对称式加密，其可靠性是因为极大整数的质因子分解非常困难，但秀尔算法的出现使非对称加密的通信隐私变得不安全。1994 年彼得·秀尔（Peter Shor）提出计算整数质因子分解的量子算法，相较于经典算法而言，确实具有指数加速性。秀尔算法证明量子计算机的确能有效加速因式分解，让原本在经典计算机上要耗费上百年计算的问题，如今在量子计算机上有可能几秒内完成计算，因此开启量子计算的应用大门。秀尔算法主要分成两个部分：第一部分需先使用经典计算机将质因子分解问题转化成寻找周期的问题（Period-finding Subroutine），第二部分使用量子计算机进行寻找周期的计算，其中寻找周期算法的核心就是量子傅里叶变换[①]（Quantum Fourier Transformation，QFT）。量子傅里叶变换本质上就是一般数学中的离散傅里叶变换[②]，可以通过图 6.6 来直观地理解傅里叶变换的概念，可以将空间中的波形看成不同比例的正弦波相加，也可以用频率空间来描述这个波形。如图 6.6 所示，左边一个复杂波可以被分解成不同比例的深色正弦波与淡色余弦波的组合，这就是傅里叶变换。由于量子态中有波动特性，借助波动中建设性及破坏性干涉，可以快速找出最佳结果，相较于经典计算机有指数型的加速。

若我们想要使用秀尔算法找出一个整数 $N = pq$ 的质因子分解，其算法步骤可以简要地拆成以下几个步骤。

步骤一，挑选一个小于 N 的正整数 a，先验证 a 是不是 N 的因子：若为 N 的因子，则停止整个算法步骤，代表我们恰好找出了 N 的其中一个因子，另外一个因子也能随之得出。但一般运气不可能如此好，若 a 不是 N 的因子，则必须开始寻找 a^r 除以 N 余 1 的周期 r。$mod\ N$ 就是 a^r 除以 N 的余数，所以我们要找 $a^r \equiv 1(mod\ N)$。

---

① 量子傅里叶变换，是经典离散傅里叶变换的量子对应，是一种基本的量子逻辑门，是各种量子算法的核心部件。

② 离散傅里叶变换，是傅里叶变换在时域和频域上都呈现离散的形式，将时域信号的采样变换为在离散时间傅里叶变换频域的采样。

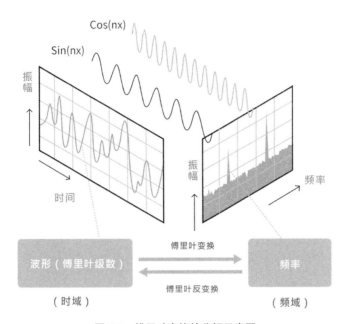

图 6.6　傅里叶变换的分解示意图

注：复杂的波形可以分解成不同比例的深色正弦波与淡色的正弦波的组合，这就是傅里叶变换。由时域向频域的转换称为傅里叶变换，反过来由频域向时域的转换则称为傅里叶反变换。

步骤二，这个寻找周期 r 的步骤必须使用量子傅里叶变换，也是秀尔算法里真正量子加速的计算过程。量子傅里叶变换能够较快找到让上式成立的最小 r 值。

步骤三，当找到 r 后，就代表 $a^r - 1$ 是 N 的整数倍，也就是：

$$\left(a^r - 1\right) = \left(a^{\frac{r}{2}} - 1\right)\left(a^{\frac{r}{2}} + 1\right) = Nd = (pq)d$$

其中 $N = pq$，而 p、q 是 N 的质因子，而 d 是正整数。此时会有以下几种可能。

$$\text{甲：}\left(a^{\frac{r}{2}}-1\right)=N,\left(a^{\frac{r}{2}}+1\right)=d,\ \text{或是}\left(a^{\frac{r}{2}}-1\right)=d,\left(a^{\frac{r}{2}}+1\right)=N$$

$$\text{乙：}\left(a^{\frac{r}{2}}-1\right)=p,\left(a^{\frac{r}{2}}+1\right)=qd,\ \text{或是}\left(a^{\frac{r}{2}}-1\right)=q,\left(a^{\frac{r}{2}}+1\right)=pd,$$

$$\text{丙：}\left(a^{\frac{r}{2}}-1\right)=pd,\left(a^{\frac{r}{2}}+1\right)=q,\ \text{或是}\left(a^{\frac{r}{2}}-1\right)=qd,\left(a^{\frac{r}{2}}+1\right)=p$$

若 $\left(a^{\frac{r}{2}}-1\right)$ 及 $\left(a^{\frac{r}{2}}+1\right)$ 都无法被 N 整除，也就是乙与丙的状况时，则代表 $\left(a^{\frac{r}{2}}-1\right)$ 及 $\left(a^{\frac{r}{2}}+1\right)$ 其中必定各含有一个 N 的因子，这时再使用辗转相除法可求出 N 的质因子分解的 p 和 q。

若上述步骤无法成功找到 N 的质因子分解，代表所选取的 a 是不对的，则重新返回步骤一挑选其他的正整数 a，并且重复步骤一、步骤二和步骤三。

秀尔算法是标准的经典与量子演算结合的混合式算法，只有步骤二用到量子傅里叶变换来加速寻找周期的过程。秀尔算法真正计算加速的步骤就是利用量子傅里叶变换来快速寻找未知周期 r，在经典算法中因为没有量子比特的相位可以操作，所以找寻未知周期是相对缓慢的。接下来用一般人可理解的方式来解释神奇的 QFT 找寻周期的逻辑。

地球的昼夜交替周期大约是 24 小时，但每个人的生理时间则因人而异。如果有一个人在暗无天日的地穴中生活，他每天的生理时钟是 23.5 小时，也就是每天都非常规律地以 23.5 小时的作息周而复始地生活。地穴的墙上挂了几个不同周期的时钟，每天早上起床时会看到许多不同周期的时钟，但不同的时钟反而让他困惑，他无法知道哪个时钟的时间才能正确描述他的生活周期。他思考如何快速找出正确周期的时钟。想了许久，终于想出一个方法，在每个时钟下贴上一张纸条，并在纸条正中央插上一根大头针，每天起床后就将纸条上的大头针沿着时针方向移动一厘米。几天之后，只有与生活作息一样的纸条上的大头针会沿同一方向运动而很快离开纸条的区域，其他周期不相同的时钟下的纸条上的大头针只能在纸上从事随机运动而无法离开纸条（见图 6.7）。

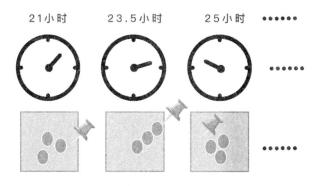

21小时　　23.5小时　　25小时 ●●●●●●

图 6.7　地穴中的周期时钟示意图

上文找寻正确时钟的过程基本上就是量子傅里叶变换。更准确地说，QFT 就是一种线性变换，将一个复数向量映射到另一个复数向量。输入向量就类似于每天早上起床看到的时钟指向，而输出向量则记录了大头针在纸条上的轨迹向量。所以不同的时钟下的纸条的轨迹与时钟的时针指向之间是一个线性变换，这个线性变换把一序列的指针指向信息映射成指针的周期。另一种理解方式是相位干涉，这也是量子力学与经典概率论间最大的不同之处，虽然经典概率值总是非负值，但量子力学中的概率振幅可以是正的、负的，甚至是复数。因此，与特定答案不同的振幅便会出现"破坏性干涉"而相互抵消，这也是与生理周期不同的时钟下的纸条上的大头针无法离开纸条的原因。"破坏性干涉"正是秀尔算法中发生的事，重点在于，与真正周期不同的其他周期影响，都会因为破坏性干涉而抵消。只有与真正的周期相符，因为每次指向同一方向才会出现建设性干涉，所以在最后进行测量时，会很容易找到真实周期。

（二）格罗弗算法

另一个著名的量子搜索算法——格罗弗算法，可以对无序的数据进行高效率搜索。如果桌面上摆了 n 本书，而你要的那本书就在其中，但每次只能翻开一本书来确认，那么需要翻多少次才能找出这本书呢？使用一般经典计算机算法最多需要翻 n 次，平均需要翻大约 $n/2$ 次才能找出所要的书，也就是 O（n）的复杂度才能找到所要的结果。格罗弗算法通过量子演算的加速后，仅需要 O（$\sqrt{n}$）的复杂度就可以找出所要的书。除了上述例子，生活中还有许多问题都可以使用量子搜索算法来加速，如商店最佳场地选址等问题皆可以使用格罗弗量子算法帮助我们找出答案。搜索的复杂度从 $n/2$ 次到 $\sqrt{n}$ 次，在 n=100 万的系统中，经典搜索需要平均 50 万次试错，但用量子算法只需要 1 000 次试错，这种差别在 n 值越大的系统中就越省时间。使用格罗弗算法时，必须有效地设计算法核心的部分，被称为量子预言机的一序列量子电路来找出最优化答案，而预言机是以并行化方式同时考虑各种量子态的可能性，并利用一连串放大量子概率幅的步骤来提高正确答案的概率。为了使读者能更完整地理解，接下来以直观而完整的方式介绍有关格罗弗算法的流程。

步骤一，如图 6.8 所示，开始计算时，要同时考虑所有的可能性，先用一系列的 H 门作用在量子线路上来准备起始之叠加态 $|\psi\rangle$。$|w\rangle$ 代表正确解的部分，而 $|w'\rangle$ 则代表非解的部分，对任意起始态 $|\psi\rangle$ 中，是由正确解 $|w\rangle$ 与非解 $|w'\rangle$ 两部分共同组成，因此在左图中会有个 θ 角偏离非解轴 $|w'\rangle$。黑色条代表任意起始状态中正确答案量子态的概率幅，与其他状态的概率完全无法分辨。接下来就是量子程序设计师的重要工作，需要设计出有关特定问题的量子电路序列——预言机，并标记出正确答案。

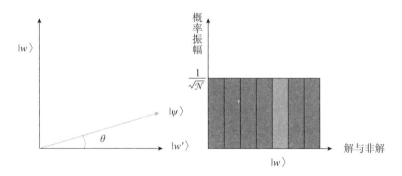

图 6.8　格罗弗量子算法步骤一示意图

注：在各种组成态中标记出正确解，如本图中的黑色条。左图中 $|w\rangle$ 代表正确解的部分，而 $|w'\rangle$ 则代表非解的部分。右图中的黑色条代表正确解，白色条代表非解。

步骤二，图 6.9 中，当右边正确答案量子态的概率幅反向

时，左图上 $|\psi\rangle$ 向量会沿着 $|w'\rangle$ 轴做镜射变换 ①。因此振幅有正负的差异，会显现出与其他状态的不同，由于量子测量是概率幅的平方，所以测量结果此时没有不同。

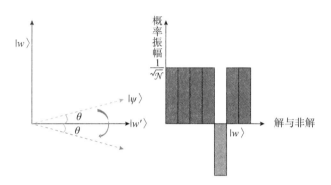

图 6.9　格罗弗量子算法步骤二示意图

注：将标志出的正确解的振幅予以反向操作。

步骤三，图 6.10 的 $|w'\rangle$ 轴下方的虚线表达的量子态就是图 6.9 中右边标明的黑色条镜射结果，如果将轴下方的虚线射线再以 $|\psi\rangle$ 为镜像轴，重新再做一次镜射回去时，此时正确答案量子态的概率幅就像图 6.10 右方的黑色标记部分被显著放大了。只要重复几次这样的步骤，直到正确答案可以明显被判定，有时甚至与正确解答 $|w\rangle$ 几乎可以完全吻合，这也就是格罗弗算法给出的最后近似解 $S|\psi\rangle$。

———————————

① 平面上基本的线性变换：旋转、镜射、伸缩、推移，详细内容可参见：https://highscope.ch.ntu.edu.tw/wordpress/?p=51374.

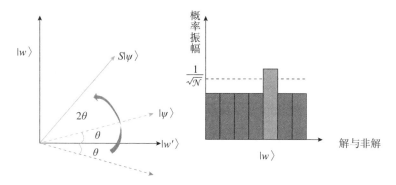

图 6.10　格罗弗量子算法步骤三示意图

注：将图 6.9 右边的标注反向正确解，也就是本图左边的 $|w'\rangle$ 轴下方的虚线表达的量子态，再以 $|\psi\rangle$ 为镜像轴做一次镜射回去时，此时正确答案量子态近似解 $S|\psi\rangle$ 的概率幅中就像图中黑色的标记部分被显著放大了。

　　格罗弗算法与经典搜索的最大差别在于搜索过程，经典算法的搜索是基于尝试错误（Try and Error）的法则，因此搜索速度只能是 O（n）的复杂度。量子算法的搜索是完全量子逻辑的，由图 6.8 至图 6.10 的过程可以发现，量子搜索主要是标示答案在镜射变换操作后，让答案自动放大显现出来，这与经典尝试错误的逻辑完全不同，因此可以减少大量搜索时间。

　　目前，量子算法的发展方兴未艾，以上介绍的只是最有名的两种量子算法。有兴趣的读者可以参考表 6.1 自行寻找相关资料学习。另外在量子计算机和经典计算机算法方面的对比上，有大量计算复杂的理论研究，有兴趣的读者可以找专业书籍进行研究。

表 6.1　部分著名的量子算法及可能应用的范围

基本数学	算法名称	主要功能	优势	用途
量子傅里叶变换	Shor	破解 RSA	指数型加速	密码学、相位估计、机器学习
	HHL	求解反矩阵	指数型加速	
量子相位	Grover	搜寻问题	根号加速	未排序搜寻
经典与量子混合	VQE	特征值求解	部分化学问题可指数型加速	新材料、药物开发、金融问题、优化问题等
	QAOA	最大割问题（max cut）	有加速优势	
量子退火	QAA	特征值求解	有效求解大矩阵的最小特征值	机器学习、物流、金融分析、优化问题等

注：QAOA: Quantum Approximate Optimization Algorithm；QAA: Quantum Adiabatic Algorithm。

第三节　如何开始量子计算

　　量子专用软件框架和编程语言让研究人员可以模拟、执行和设计量子电路。2020 年的一篇评论《量子编程语言》（*Quantum Programming Languages*）[①]（B. Heim 等，2020 年）中描述了目前的几种量子编程语言。量子编程语言用于管理量子硬件设备，预估量子算法在运行时的执行成本，操作量子比特、叠加、纠缠，测量和验证量子算法的结果。目前量子编程语言主要有以下

[①]　详细内容可参见：https://www.nature.com/articles/s42254-020-00245-7。

几种。

第一，指令式编程语言（Imperative Programming Language）。指令式编程语言是由逐步指令组成。经典计算机中的指令式编程语言包括 C 语言、JavaScript、Pascal、Python 等。现在流行的量子指令式编程语言有 QCL、QMASM 与 Silq。

第二，函数式编程语言（Functional Programming Language）。函数式编程语言不用逐步指令，而是使用数学函数，也就是可以使用数学变换将输入转换为输出。函数式编程不如指令式编程流行，因为没有循环指令或条件语句（如 if/else 语句）。主要有 QML、Quantum Lambda Calculus、QFC 和 QPL。

第三，多范式编程语言（Multi-Paradigm Programming Language）。多范式编程语言可以支持超过一种编程方式的编程语言，例如，微软的 Q#、Xanadu AI 的 Strawberry Fields。

微软、IBM 和谷歌都创建了基于 Python 的量子编程语言，分别为 Q#、Qiskit 和 Cirq，并且建立了用户友好的开发环境和丰富的数据文件来协助编码人员入门。例如，微软已经提供完整的量子开发工具包（QDK），其中包含代码库、调试器和资源估计器，可以提前检查量子算法需要多少量子比特。Rigetti Computing 也发布 Forest 的量子软件开发工具包，其中包括一个名为 PyQuil 的 Python 库。总部位于英国的剑桥量子计算公司推出了 TKET，以及相关的 Pytket 库。另一种选择是 Silq，这是一种高阶编程语言，由苏黎世联邦理工学院（ETH）发布，标榜能更符合量子计算机的运算模式，以更精简且容易理解的形式进行编程，并能更有效率地发挥量子计算机的运算效能。在运算过程中会更有效地自动识别、过滤运算过程所产生的无用数据，进而让量子计算输出正确数据。

有关量子计算机网上服务平台，目前 IBM 提供免费的在线量子比特计算机，如果想使用最先进的多比特机器，必须申请加入成为其量子网络的使用者。微软通过 Azure Quantum 平台提供在线量子计算服务，谷歌目前没有提供在线量子计算服务，亚马逊（Amazon）网络服务（AWS）是一个借用其他公司量子设备的综合云计算平台。目前云端量子计算服务（Quantum Computing as-a-Service，QCaaS）正逐渐开始应用于商业化服务中。对于初学者来说，IBM 的 Quantum Experience 工具构建的电路是很好的入门课程。逻辑门是计算的基本线路，排列在一起的量子电路可以解决问题，将资料输入，通过预言机转化成想要的输出结果。与二进制不同，量子比特是 1 和 0 的叠加，门改变的是量子比特状态，只有在测量时才会得到经典的数字结果。量子计算还利用了纠缠等特性，改变一个量子比特的状态也会改变另外量子比特的状态。这些特性使量子计算机能够比经典计算机更快地解决某些特定的问题，例如，化学家可以通过量子计算机建模加速新催化剂的识别。

即使是当今最快的量子计算机至多也只有几百个量子比特，并且受到随机错误的困扰，导致在大型系统中的计算结果存在可信度问题。2019 年，谷歌展示 54 比特的量子计算机可以在几分钟内解决一个经典计算机需要 1 万年才能解决的特殊随机数问题。最近中国发布的"祖冲之"量子计算机比谷歌的更快，但量子计算机至少需要数千个物理量子比特才能真正有效仿真化学系统，达到全面量子优势。现在的量子计算机有点像 20 世纪 80 年代后期的超级计算机，只是证明量子计算机有能力在未来解决实际问题。尽管如此，量子计算机近年的进展确实是飞速，IBM 预期到 2024 年推出超过 1 000 量子比特的计算机，很多人认为量子计算机发展时机已经成熟，越来越多的在线量子教学课程、编程语言和仿真器纷纷出现，并且确实可以在线直接利用量子计算解决一些问题。大部分在线教学都会介绍量子计算本质上是矩阵向量乘法，例如量子计算的演练资源。IBM 也建立了一个交互式工具包来配合其 Qiskit 量子语言供大众上线练习。真正做量子计算必须依据量子算法来架构出量子电路，这些电路从左到右运行，看起来有点像五线谱上的各种不同的音符。类似于构建经典电子电路的 AND、OR 和 NOT 门，在最后的测量动作之前，量子电路中的各种量子门操控与转换所有量子比特。IBM 的量子体验允许用户拖放逻辑门来创建量子电路，然后在量子计算机上远程执行任务。

除了真实的量子计算机外，也有许多经典计算机的量子仿真器可以进行量子计算。例如，微软的 QDK 有一个内置的仿真器，可以在计算机上仿真 30 个量子比特。量子仿真器可以让人真正看到量子态的变化，真实量子计算机的量子态反而无法维持太久，因为背景热量或磁场很容易使量子比特失去量子特性。即便如此，量子程序设计师仍应该尽量在真正的量子计算机上进行量子计算，以掌握量子计算机嘈杂且易错的真实行为。目前有关量子算法与量子程序编写的探索正在进行中，如何优化量子计算是大问题，量了计算中有很多未开发的领域，随着研究的深入和量子设备的改进，这种令人头疼的错误问题将会减少。

表 6.2　目前云端的量子计算资源提供者与量子计算机种类

区域	公司	所在地	量子比特	软件名称	语言	环境
美洲	IBM	美国	超导	Qiskit	Python	≈10mK
	谷歌	美国	超导	Open Fermion Cirq	Python	≈10mK
	Honeywell	美国	离子阱	Penny Lane Al	Python	441°（F）
	IonQ	美国	离子阱	Qiskit/Cirq	Python	RT
	Coldquanta	美国	冷原子	Qiskit	Python	RT
	Xanadu	美国	光子	Penny Lane	Python	RT
	Rigetti	美国	超导		Python	≈10mK
欧洲	OQC	英国	超导	DeltaFlow/Riverlane	Python	≈10mK
	QuTech	荷兰	超导 / 半导体	Quantum Inspire	Python	≈10mK
澳洲	AQT	澳大利亚	离子阱	Cirq/Qiskit Penny Lane	Python	RT
亚洲	本源量子	中国	超导 / 半导体	Qpanda	C++/Python	≈10mK
	量旋科技	中国	核磁 / 超导	Qiskit	Python	RT/≈10mK
	阿里巴巴	中国	超导	ACQDP	Python	≈10mK
	华为	中国	超导	HiQ	C++/Python	RT，量子模拟机
	玻色量子	中国	光子	Qbrain	C++/Python	RT

与经典计算机的编程一样，量子编程也是使用高级语言编写后，再经过编译程序转为量子硬件的操作程序。现在混合量子运算是将量子计算机与经典计算机在一起协作，不仅程序使用与开发者仍将使用高阶程序语言，而且要采用新的量子算法，例如Python 的 Qiskit，所以使用工具的学习门槛并非难以触及。IBM建议学习量子的编程人员须具备五个必要技能。

第一，程序语言与算法。需要熟练掌握 Python、Q# 等程序语言，以及在量子应用下如何操作各种量子算法。

第二，AI、机器学习与深度学习。利用经典计算机的 AI、机器学习与深度学习的技术，结合量子算法来加速运算过程，例如，变分量子算法就是一种利用经典机器学习来优化量子变分的混合方式。

第三，开源码。以 Qiskit 为例，它是 Python 的量子软件工具包，建立在开源平台上，使用者需要了解各种开源平台上的功能，例如，部署开源包、开发与设计等。

第四，科学运算的理解。了解问题相关的特定知识与技能，才有能力真正开发量子运算的程序代码的核心技术。

第五，逻辑能力与合作。量子运算所处理的问题常是跨领域的复杂问题，解决问题需要有不同专长技能的人员在同一团队中彼此合作。

小　结

量子计算出现以来，如何有效处理数据的思维方式发生了重大变化，主要是量子现象造成程序撰写逻辑的转变：量子叠加与纠缠，允许数据点可以同时有多个可能值，各数据点间彼此有特殊关联；而量子干涉则使得数据点相互影响，甚至可以消除不必要的计算步骤。通过算法设计者的巧妙设计，量子数据间的相互影响与纠缠性可以节省大量计算时间和储存空间。Deutsch 算法的出现让大家觉得量子算法的优势是不容置疑的，同时 1 与 0 的数字世界将会解构并演变出奇怪的量子演算逻辑，进一步吸引专家的兴趣去研发出更复杂的量子算法，例如秀尔算法的出现。然而，是什么使得秀尔算法如此有效？显然，纠缠与量子傅里叶变换很重要，但这不表示量子计算机在所有计算问题上都可以快过经典计算机。目前量子算法刚开始发展，对各种算法而言，哪些适用于量子计算机，哪些更适合经典计算机，或是需要量子计算机与经典计算机的混合系统，仍有待深入研究。只有真正适合用量子算法解决的问题才能使量子计算机的运行速度超过经典计算机。一个好的量子算法会利用量子特性消除错误的答案，加强正确的答案，这也是格罗弗算法的精髓所在。其实这更是未来量子算法的发展方向，把数字计算留给经典计算机，把量子特性的计算留给量子计算机，将量子算法与经典算法结合起来的混合算法是未来的方向。

不要期待量子计算机有超人的力量可以立刻解决世界上所有的问题，量子计算机仍然有其局限性。虽然某些现存的经典密码将来会被量子计算机快速破解，但是也会有新的抗量子密码被发展出来。这种既竞争又合作的"矛"与"盾"的互补性才是科技进步的驱动力，也激发了人们发展量子计算的信心。有了完美的"矛"出现，完美的"盾"不久就会随之产生，这也是自然演化的基础法则。

量子算法确实可以解决许多经典算法无法处理的问题，数字的经典计算机即使再快速，也只是 1 与 0 交替式排列，远不及量子计算机可以利用希尔伯特空间的特性，进而展现量子力学才是

宇宙的根本之学，使用矩阵数学在多维空间内模拟宇宙的行为，
奏出热闹非凡、箫鼓沸天的量子新篇章，有诗为证曰：

平盘算卦声声撞，筹子多维粒粒敲，
量力自然成万物，铸成矩阵沸天箫。

第七章

量子计算应用

让量子人工智能与量子深度学习变成实用工具，这有赖于基础科学和数学的深度结合。

——丘成桐

该死的，自然不是经典的，要模拟自然，最好从量子力学开始。

——[美国] 理查德·菲利普斯·费曼（Richard Phillips Feynman）

第一节 量子计算现况

一、量子计算的背景

超级计算机正在快速进步，例如全世界最快速的超级计算机美国超威半导体公司的"前沿"（Frontier）和日本富士通的"富岳"，计算速度已经可以达到每秒百亿亿次的浮点指令周期（10^{18}，exaFLOPS），使许多现存的复杂问题，包括天气预测与灾害防治都变得比以前更准确。但对具有大量电子的真实物质系统的计算仍然是困难的，经典计算机可以仿真一些双重量子态的系统，但有 n 个双重量子态的情况下，2^n 指数增长的数学威力意味着计算模拟真实物质体系变成不可能。此外，众多的 2^n 量子态间也会彼此干扰，就像大海潮汐时不断涌入波浪造成的互相扰动一样，不仅波涛汹涌而且变化无穷。如果我们想要了解物质体系的动态量子态演化，就必须追踪 2^n 庞大数目的量子态的"每个可能"组态的动态变化，这更是难上加难。假设有一个由 n 个双重量子态组成的多电子系统，因为每个位置都可能有电子或没有电子，电子

组态可能处于 2^n 量子组态中的任一位置。如果 n=20，用经典计算机的内存来储存，将需要约 128 KB 的内存，一般的经典计算机都可以做到。但是在 n=60 时，就需要 128 PB（1PB=1024TB），也就是 131 072 TB，这已远远超过全球最强大的经典计算机的内存容量。当有数百个电子时，要储存这个系统所需的内存会超过全宇宙的粒子数目，这表示目前经典计算机的设计结构永远不可能仿真出任何真实系统量子动力学。不幸的是，有几百个电子体系的物质系统在我们生活中非常普遍，几乎所有材料与药物都至少有数百个电子，这意味着直接利用经典计算机来开发与设计任何新药物与材料变得不可能。同时，在人工智能与深度学习普及后，发现经典计算机的算力、带宽、内存空间等都不足以处理真实而庞大的复杂系统，而量子计算至少有以下三大方面的优势，有机会提供解决复杂系统的方法。

首先，算力优势。量子的叠加与纠缠态，使得量子计算有指数级并行算力加速的优越性。

其次，存储优势。量子内存容量也呈指数级成长，如上所述，在 n=60 时，就已远远超过全球最强大的经典计算机的内存容量，可以大大节省存储的物理空间。

最后，带宽优势。量子计算数据可以压缩存储，未来可指数级优化带宽[①]。

20 世纪 70 年代后期，理查德·菲利普斯费曼发表《用计算

[①] 详细内容可参见：https://physicsworld.com/a/quantum–data–are–compressed–for–the–first–time/.

机模拟物理》，强调只有量子计算机才能仿真复杂的量子动力系统。由于过去多年来缺乏具有足够多量子比特的系统，量子计算机的概念一直停留在理论阶段。直到最近几年，量子计算机才有了快速突破。2016 年，IBM 将第一台 5 量子比特的量子计算机接入云端，并推出了开源框架 Qiskit；2022 年，IBM 分别推出 127 量子比特的 Eagle 量子芯片与 433 量子比特的 Osprey，IBM 表示，仿真 Eagle 需要的经典比特数已经比地球上每个人的原子数的总数还要多，换言之，经典超级计算机已经无法仿真这款量子芯片的状态总数，同时 IBM 也宣称，2025 年后将有百万量子比特的容错型量子计算机出现；中国的本源量子的路程图也显示容错型通用量子计算机为期不远。2016—2021 年，访问 IBM 云端量子计算机服务的用户累计已经超过 40 万人，总共已完成执行超过 1 万亿次量子计算指令，目前每天有接近 20 亿次指令在量子计算机上执行各种工作。

随着量子计算机的逐渐成熟，各行业的量子计算应用与算法开发都变得如火如荼，并且出现了许多量子初创公司。值得一提的是，通用型量子计算机并不是在所有计算中都优于经典计算机，只有在需要高维度空间的条件下，且能利用量子比特的叠加、纠缠、概率等特性，才能真正发挥量子计算机的价值。当然也需要有适当的量子算法在量子计算机中执行这些量子功能，才能有效加速运算。虽然所有技术路线都有人在尝试，但根据实用状况大概可以分为三大方面：量子退火、噪声中等规模量子计算、通用型量子计算。

目前由于量子计算机的量子比特数仍只有 433，无法用于完成纠错，因此只能在现有保真度内进行有限次数的量子门操作。在量子相干态维持时间内，将所有指令执行完毕并得出计算结果，这种量子计算被称为 NISQ 计算。在执行一些特定任务时，具有 50—100 个量子比特的量子计算机已经能够超越经典计算机，但是量子门的噪声大小也影响着可执行的量子电路的多寡。目前也有人提出完美的中等规模的量子计算 PISQ（Perfect Intermediate Scale Quantum Computing）的方案，根据完美量子比特定义先行开发量子算法以及新的应用程序，并在超级计算机上执行的量子计算仿真器上进行效能评估。未来一旦通用型量子计算机成熟，就可以直接应用而不会出现量子算法无法衔接的问题。

如果未来出现百万量子比特的通用型量子计算机，量子计算将可以协助解决更多类型的问题而成为主流。谷歌、IBM、Honeywell 等公司最近先后宣称，2025—2030 年将有容错型通用量子计算机上市，协助解决生物医药、农业、金融等问题。目前在 NISQ 的阶段正是参与学习量子计算机的最佳时间点，也是机会最好的时候。

目前看来，量子计算的发展大致可分为五个阶段（见表 7.1）。

第一阶段，量子计算机概念期（1981—1993 年）。量子计算机的想法刚提出，即初步探索阶段，主要的科学家有提出量子计算机与量子可逆计算概念的保罗·贝尼奥夫、理查德·菲利普斯·费曼以及提出第一个量子算法的戴维·多依奇。

第二阶段，量子计算机验证期（1994—2009 年）：这是通用量子算法与小型量子计算机实验的发展期，主要推手有秀尔算法提出者彼得·秀尔、格罗弗算法提出者洛夫·格罗弗（Lov Grover）和 HHL 算法提出者阿兰·哈罗（Aram Harrow）、阿维那坦·哈西迪（Avinatan Hassidim）、赛斯·劳埃德。各地的实验室也开始利用不同的物理体系架构出单量子比特的叠加态和双量子比特的纠缠态的量子计算实验验证，中国科学技术大学也曾积极参与这一阶段。

第三阶段，量子计算机孵化期（2010 — 2017 年）。这是通用型量子计算机培育孵化期，微软、谷歌、IBM 等大型企业开始积极投入准商业化量子计算机的推广期，中国的国盾量子、国仪量子、本源量子也同步启动。

第四阶段，量子计算机应用期（2018 年至今）。在欧盟启动量子旗舰会议与美国通过 NQI 后，量子计算机已从实验与推广阶段正式进入工程与准商业化应用阶段，不仅量子比特数快速上升，而且各种应用在真实系统的量子 AI 已经接近爆发阶段，包括在量子金融与材料合成等领域都已经展现量子优势的应用结果。因此世界主要科技大国与企业积极投入布局，包括 IBM、谷歌、亚马逊、微软、D-Wave、Honeywell、IonQ、Reggeti、华为、阿里巴巴、百度、腾讯、本源量子、量旋量子、启科、图灵量子、鸿海、玻色量子等，都开始研究或推出量子计算机原型机，以及量子云计算服务等。量子计算受到资本市场的密切关注，也对技术开发形成良性回馈。

第五阶段——量子计算机黄金期：预计量子计算机元年（Y2Q）应该是在 2025—2030 年，在 IBM、本源量子、Honeywell 和 IonQ 等公司的推动下，超导和离子阱等技术路线图与量子体积指标预计将在 2025 年后会从 NISQ 时代进入容错型通用量子计算时代。因此在化学、金融、交通等领域，量子计算的应用范围会快速扩大，量子计算进入实质应用的黄金时代（见图 7.1）。

表 7.1　量子计算机发展时程

	主要进展	时间
第一阶段	·提出量子计算机与量子可逆计算：理查德·菲利普斯·费曼、保罗·贝尼奥夫 ·提出量子算法的戴维·多依奇	1981—1993 年
第二阶段	·通用量子算法：Shor、Grover、HHL、VQE、QAOA 等 ·小型量子计算机实验出现：量子位叠加态和纠缠态	1994—2009 年
第三阶段	·IBM 等大型企业开始积极投入准商业化量子计算机研发 ·中国的国盾量子、国仪量子、本源量子也同步启动	2010—2017 年
第四阶段	·欧盟启动量子旗舰会议与美国通过 NQI 后，量子计算机已从实验与推广阶段正式进入工程与准商业化应用阶段 ·受到资本市场的密切关注，也对技术开发形成良性回馈 ·NISQ /PISQ 至 QCaaS 出现	2018 年至今
第五阶段	·从 NISQ 时代进入容错型通用量子计算时代 ·量子计算的应用在化学、金融、交通等领域 ·量子计算进入实质应用的黄金时代	Y2Q（2030 年以后）

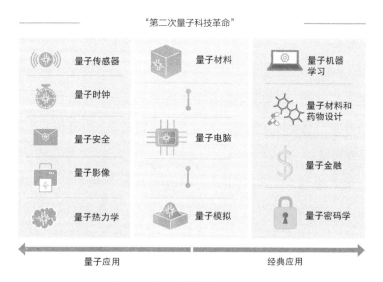

图 7.1　量子计算的各种应用领域

量子计算真正应用普及，将对社会带来什么样的改变？下面列出一些量子计算短期与长期的主要研发方向。短期指的是量子退火与 NISQ 就可以解决的问题，长期则指容错型通用量子计算机出现后才能真正处理的问题。

第二节　量子计算应用领域

2022 年 5 月，奥地利因斯布鲁克大学领导的研究团队，已经成功演示离子阱量子计算机中两个逻辑量子比特上的容错通用门集，该计算机包括 16 个被囚禁的离子。量子信息存储在两个逻辑量子比特中，每个逻辑量子比特分布在 7 个离子上。这是首次在容错量子比特上实现两个计算门。2022 年，哈佛大学也使用具有 289 个量子比特的量子处理器，这个处理器电路深度为 32 层，利用量子—经典混合算法通过闭合回路，直接自动反馈给量子处理器进行优化的量子计算，可用于处理物流、网络设计、金融等多个领域的各种实际难题。研究结果显示量子处理器解决这些问题的效果确实得到"指数级"的提升，也使得各界对未来量子计算机能够超越经典计算机有了强大信心。未来不仅可以利用量子计算机来仿真量子多体系统的复杂反应，协助新药开发的过程，也可用于解决基础科学、材料发展、量子化学及产业界所遇到的任何问题，甚至连超级大型城市中各种复杂的社会现象与海量数据的优化问题的求解，也变成量子计算的重点研究方向。

一、在化学、材料和新药领域的应用

传统化学在探索和研究新材料的过程中，往往要尝试很多次实验才能找到所要的产物，也就是利用不同的原料，在不同实验环境下（如温度、压力、酸碱性、溶剂等）产生不同的产物，但能否找出需要的结果经常要依赖经验与一些运气。生活中常见的特氟龙（Teflon）材料，也是杜邦公司的化学研究员罗伊·普伦基特（Roy Plunkett）在尝试制造新的制冷剂时的一项意外发现。若能够先用量子计算得出化学反应的合理过程，将减少不必要的错误尝试，对于化学科学进展会有极大的帮助。

现今计算化学方法可依其使用的理论，大致上分为分子力学（Molecular Mechanics）、量子化学（Quantum Chemistry）两大类。分子力学是将分子想象成一颗颗原子与一堆小弹簧（键结）所组成的弹簧系统，依此概念构建出对应分子的总势能。借助改变分子的几何结构，寻找系统的最低能量，进而找出优化分子的稳定结构。但分子力学只考虑分子的电子结构，因此与电子效应相关的问题，例如描述化学键的破坏和生成的过程就无法深入研究。在有了薛定谔方程式后，科学家便开始尝试用量子力学的理论来解释化学物质的结构和化学现象。道格拉斯·哈特里（Douglas Hartree）与弗拉基米尔·福克（Vladimir Fock）将每个电子看成在其他电子的平均作用场中运动，引入泡利不兼容原理后，提出知名的哈特里—福克方程式来计算多电子物质的波函数，这是现代量子化学的基石。但由于实际计算上的复杂与困难，一直到沃尔特·科恩（Walter Kohn）及沈吕九教授等人提出电子密度泛函理论（Density Functional Theory，DFT），才真正计算出大分子系统。虽然现在计算机的计算能力越来越强大，但用经典计算机来仿真大型量子系统仍然受限。当仿真系统的电子规模超过一定数后，由于可能的量子态数量呈指数级上升，经典计算机永远无法处理真实的多电子系统。狄拉克曾说："化学领域背后的物理定律之数学理论已经很清楚，真正的困难在于实际应用这些理论时所衍生的方程式过于复杂而无法求解。"费曼从开始就认为，研究物质科学必须要有量子计算，因为量子就是自然界的本源，无须使用任何近似处理，直接用量子系统来仿真自然世界是最恰当的。

目前普遍认为化学是量子计算有机会最早进入实际应用的领域，只有利用量子力学特性来处理经典计算机难以处理的计算，才能真正实现复杂的化学过程的仿真。例如清洁能源的催化剂、生物体内的酶、太阳能电池新材料，甚至常温超导体材料等，都有可能在未来由量子计算先行分析与模拟。如前所述，当分子中电子数目超过约 60 个时，就必须省略某些电子的行为特性，才能由经典计算机完成近似处理。不过，近似算法无法精确得出材料特性，也就是说无法靠经典计算机来设计新材料。量子计算能够利用其庞大的希尔伯特求解空间去仿真复杂的电子和分子互动机制，进而能够精准设计出复杂的新材料结构。在 2020 年 8 月，谷歌利用哈特里—福克方程式搭配变分量子特征求解算法直接模拟了 2 个氮原子和 2 个氢原子组成二氮烯分子的化学机制，实现首个由量子计算机对于化学反应路径的量子计算。虽然氮氢反应目前用经典计算机就可以轻松仿真，但此量子计算模拟不仅已经验证量子计算的可操作性，而且证实了量子计算结果确实可以达到实验预测所需的精度，揭示了未来用量子模拟更复杂分子的可能性。IBM 量子团队也曾花了 45 天用量子计算模拟锂氢化物分子的行为，但在升级计算速度后，只耗费 9 小时便可以完成同样的分子反应模拟。目前三菱化学、JSR 公司、庆应义塾大学和 IBM 合作，已经开始利用量子计算机在寻找新型 OLED 材料的分子结构。电动汽车崛起之后，电池的开发及优化成为电动汽车续航能力的关键，国际大企业纷纷选择利用量子计算机仿真大量的分子特性和行为，探索和分析可能的电池材料。例如，IBM 与德国戴姆勒公司尝试利用量子计算来研发下一代电池系统，三星电子于 2021 年和伦敦帝国理工学院的研究人员使用 Honeywell 的系统 H1 来探索量子计算在电池开发中的用途。寻找环保的新制冷剂是实现未来可持续方案的关键挑战，量子计算公司 Quantinuum 与 Honeywell 共同研究量子计算在新型制冷剂设计中的可用性。这些化合物广泛应用于多个行业，具有低毒性、低可燃性、稳定性、低全球变暖潜能势（GWP）和无臭氧消耗潜势（ODP）等特点。该合作利用 InQuanto 平台，模拟了甲烷气体、简单制冷剂和简单大气自由基之间的反应。

在生物制药领域，量子计算价值的重要性不言而喻。量子计算不仅在蛋白质折叠（Protein folding）、药物发现与设计等方面具有较高实用价值，而且在基因序列的发现和预测、全基因组关联研究等方面，也都有应用的机会。仅仅知道基因组序列并不能了解蛋白质的功能，蛋白质可在细胞环境下组成三维结构，蛋白质折叠是蛋白质获得其功能性结构的过程。蛋白质折叠可以被模拟成优化问题，经典计算机基本上无法得出庞大体系的最优解，而利用量子退火的蛋白质折叠算法，目前仅能解决规模较小的系统问题，要真正解决这一问题仍有待通用型量子计算机的出现。量子计算还可以设计对特定疾病的标靶小分子，借助分子动力学模拟来治愈患者，并避免副作用产生。量子计算可以参与新药研发的前期工作，减少尝试错误的时间，降低研发成本，加速仿真化合物结构和生物体 DNA / RNA 与蛋白质的交互作用，找出正确生物路径（Biology pathway），对新药疗效和副作用做出最佳分析。量子计算开发新药的最佳目标是希望能做到完全精准的医疗与定制化的药品。Menten AI 与 D-Wave 和 Rigetti Computing 合作，利用 AI 和量子计算导入新药开发，并正针对新型冠状病毒进行测试。Menten AI 正在研究肽，肽类似蛋白质的氨基酸链串，具有减缓衰老、减少发炎和清除体内病原体的潜力。甚至已经出现"未来药房"的概念，利用量子计算机可迅速分析个人健康状况并调制出个人最佳配方，做出定制化的新药与保健食品。

在新冠肺炎疫情形势严峻的时候，加速新药开发刻不容缓，具有庞大资金及研究需求的制药业，自然是量子计算的首选客户。美国药厂百健（Biogen）早在 2017 年就与埃森哲咨询公司（Accenture）及 1QBit 量子公司携手，以量子计算加速阿尔茨海默病及多发性硬化症的新药研究。2020 年 10 月，英国的剑桥量子计算机公司与荷兰药厂葛兰素史克（GSK）合作设计算法，以促进药物开发。2021 年，德国药厂勃林格殷格翰携手谷歌量子 AI、IBM 和克里夫兰医学中心合作，利用比现行技术更有潜力的量子计算和人工智能技术，研发应对病毒的药物，更精确模拟大型分子，以加速新药和疗法的研究。

新材料与新药品具有庞大经济价值，特别是新药开发。如果量子计算能将药品开发改成由计算分析来取代传统实验试错的方法，那么不仅可以减少新药开发时间，更可以节省庞大的开发成本。量子比特的叠加与纠缠特性使量子计算机有避免尝试错误的机会，对新药和新材料研发有潜在的商机。当然真正有效运用量子计算开发新药也需要同步开发特殊量子算法，目前许多初创公司都往这个方向进行研究开发。2021 年，中国的本源量子发布量子化学软件本源 ChemiQ 2.0，该应用软件推动量子计算化学研究向实用化迈进，在新医药、新材料、新能源等领域制定开发的起点。2022 年5 月 24 日，美国量子计算公司 Quantinuum 宣布，可以借助量子计算化学软件平台 InQuanto 在量子计算机上试验各种量子算法。

二、量子人工智能

人工智能已经深入商业、科学及各领域中，主要目标是训练计算机使其能够理解日益庞杂的数据，从而协助快速分析与正确决策，常见的应用包括模式识别、数据分类等。简言之，人工智能就是设计、训练与实现执行各种任务的算法，借助现有大数据来训练与优化算法参数，然后应用训练后的算法参数来有效处理新的数据。随着模型算法越来越复杂，参数越来越多，需要的训练时间越来越长且训练成本越来越高，常常出现过拟合（Overfitting）的风险，导致所建模型的通用性不足。人工智能模型训练的关键是必须快速理解数据的深层意义，而非只是单纯地对比记忆内容。量子计算机在高维度求解空间中处理数据的特性，刚好可以弥补目前人工智能的不足，可以加强模型的精确性来提高机器学习的能力。量子人工智能大致分为两个主轴：寻找人工智能算法的量子版本和利用人工智能来理解量子系统。目前有多种量子算法来解决经典计算的一些困难问题。HHL 量子算法主要能解决多维度的线性代数问题，而目前的机器学习通常需要大量线性代数运算。因此，结合 HHL 量子算法和机器学习的量子机器学习（Quantum Machine Learning，QML）应运而生（见图 7.2）。

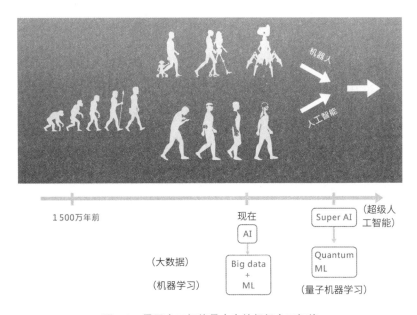

图 7.2　量子人工智能是未来的超级人工智能

HHL 量子算法可以快速找出高维度矩阵中的特征值和特征向量，结合主成分分析（PCA）可以加速找出数据的重要特征，或是结合支持向量机（Support Vector Machine，SVM）在处理数据分类上会有加速的效果。分类算法不仅是预测的重要工具，而且在机器学习中也是模式识别的核心，广泛用于语音和面部识别，也常用于异常值检测，对欺诈检测也至关重要。监督式学习是机器学习中最常见的算法，而回归分析与分类则是监督式学习中最常见的类型。通常先建模再分析数据，但建模时有大量参数需先优化，利用量子 PCA 方法，可以找出其中最具影响力的参数，进而提高训练模型的速度和准确度。量子计算与机器学习的结合，利用量子计算机善于处理大量数据的优势，帮助机器学习突破参数过多的瓶颈，是最近重要的研发方向。谷歌首先推出开源量子机器学习函式库 TensorFlow Quantum，提供在经典电路模拟器上执行量子电路的工具，也可以在谷歌内部开发的量子系统上执行量子电路。IBM 也在 Qiskit 架构下，加入机器学习模块，结合量子计算以及机器学习优点，利用量子计算机处理大数据的优势，突破现有机器学习参数过多的瓶颈，建立量子机器学习模型的未来优势。

电子设计自动化（EDA）软件在半导体芯片的发展过程中扮演着重要角色，由于现在工艺技术逐渐趋近纳米极限，而 EDA 工具在此超大规模电路的布局与布线的最优设计是标准 NP-hard 问题，即不可能在有限时间内得出 12 英寸 ① 晶圆上的纳米级全局性最优解。经典算法在电路规模指数级提升时，不仅执行速度变慢，而且需要有经验的工程师给出良好的初始条件才能得出可能的次优解。由于量子计算有可能提高 EDA 的速度与效能，因此德国西门子公司与法国中性原子量子计算机厂商（Pasqal）合作，将量子人工智能应用于系统设计和 EDA 工具，以提高设计工具性能，超越现有 EDA 方案。

---

① 1 英寸 ≈2.54 厘米。

三、在金融方面的应用

20 世纪 50 年代以来，计算机在金融业中扮演着无法取代的角色。随着量子计算技术逐渐成熟，投资银行高盛集团（Goldman Sachs）最近认为，量子计算机有可能在五年内率先应用于金融业。量子计算由于纠缠特性，在解决高维度问题上有其天生优势，又有隧穿概率，不会陷在局部最小值中。目前的问题是在 NISQ 的限制下，量子计算还无法实现纠错。尽管量子计算速度非常快，通常可以找出正确方向，但 NISQ 无法避免结果有误差。有些特定的金融应用，在可容忍范围内的误差下，速度与决策方向远比误差重要，因此，国内外的主流金融公司，如摩根大通（J.P. Morgan）、高盛集团均成立了量子部门来研发量子金融应用；中国经济信息社新华财经联合本源量子共同发布"量子金融应用"，同时，本源量子研发量子支持向量机（QSVM），将其运用到股票的振幅预测、多因子选股模型等金融领域实际场景，并完成算法验证。量子计算在金融领域的应用非常广泛，旨在降低成本并减少处理时间，目前主要包括：风险管控（Risk Control）、衍生性商品定价（Derivatives Pricing）、投资组合优化（Portfolio Optimization）、套利交易及信用评分等。

风险管理是金融体系中的核心环节，风险价值（Value at Risk，VaR）或条件风险价值（Conditional Value at Risk，CVaR）是金融业中量化市场风险的指标。VaR 是华尔街知名投资银行摩根大通要求业务部门于每日交易结束后 15 分钟内提交一页市场行情变动的风险报告，提供未来 24 小时公司潜在损失的预估值，此报告即著名的"4：15 report"。若预估未来一天5％的VaR为1 000万美元，代表有95％以上的概率在未来一天内公司持有的资产不可能出现超过1 000万美元以上的损失。目前计算风险价值最普遍的方法是用蒙特卡罗（Monte Carlo）模拟，但因为计算能力有限，经常要在准确度和速度间进行取舍。而要提高准确度则必须增加随机模拟的次数，耗时很长，在进行大型投资组合的风险评估时，快则几小时，慢则几天。IBM最近发表"量子风险分析"，使用量子幅度估计算法（Quantum Amplitude Estimation，QAE）来分析金融风险，利用叠加和纠缠特性，比起现行使用的蒙特卡罗模拟，可以将计算时间由几天缩短到数小时。凯克萨银行（Caixa Bank）在西班牙有最多的数字客户，最近使用IBM的开源Qiskit进行量子金融开发，对2个特制资产组合进行财务风险评估。传统计算方法需要几天的复杂模拟，使用量子算法却只要在几分钟内进行数十次模拟即可完成。

金融模拟像是走迷宫，经典模拟一次只能走一条路径，量子仿真利用叠加和纠缠的特性，可以同时并行遍历所有路径（见图7.3）。所以迷宫是困不住量子计算机的，小时候玩游戏一旦进了迷宫，在里面左转右转就是出不来，任选一条路走，错了回头重来。聪明一点儿的头脑像台超级计算机，能记住错误道路，在走过的道路上做出标记，所以不会重复迷路。然而，量子计算机绝对不会受困，叠加性可以让它同时在所有道路上出现，而量子干涉更可以让最佳答案自然浮现，这就是量子搜索与经典搜索最大的区别。量子幅度估计也可以用在最需要强大运算能力的"衍生性金融商品"上。"衍生性金融商品"是由资产目标物上衍生出来的金融商品，其中以选择权（Option）的应用最广泛。通常选择权的价格变动也是使用蒙特卡罗方法进行模拟，计算出特定价格的概率后，对未来的走势进行预测。用现在的计算机计算衍生金融产品的定价，需要数个小时，有时甚至更久。IBM 和摩根大通合作研究将量子幅度估计用在选择权定价上，与传统的蒙特卡罗模拟相比，可以大幅提升选择权定价的能力。高盛集团与量子初创科技公司 QC Ware 共同进行的一项研究，估计量子计算可在五年内，应用于金融市场上一些最复杂的计算。

经典计算机　　　　**量子计算机**

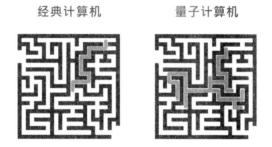

图 7.3　经典计算机计算仿真与量子计算机仿真差异示意图

投资组合优化是金融界的常见问题，投资者需要寻找最佳投资获利机会，但什么才是最好的投资组合呢？对冲基金试图将利润最大化，而保险公司希望将风险降至最低。根据诺贝尔经济学奖得主哈里·马科维茨（Harry Markowitz）的现代投资理论，投资是在充满"不确定性"的收益和风险中进行选择，应以最小风险与最大收益为目标，来优化投资组合。现在投资目标非常多，交易也很便利，信息传播迅速且价格变动剧烈，怎样能实时找出最优化组合，一直是金融投资的热门话题。用机器学习，常面临金融问题的变量过多，且运算时间过长等问题，而在优化处理时，更会遇到只是局域相对最优而不是全局最优的结果。量子计算善于执行并行运算，适于处理多变量问题，且具有量子隧穿特性，可以加速找出全局最优解。如果有个 VIP 大客户希望银行能为他的财富配置提供最佳投资组合的建议和分析，全球若有10 000 个投资目标，那么可能的投资组合就会有 $2^{10\,000}$！如果银行优化计算的时间太长，以现在交易的便利程度，最后估算出的价格可能已经与计算前完全不同了，这样的优化结果是不可能正确的。但如果只追求速度，又可能因优化计算出错而造成银行或投资人严重亏损。短时间内如何在极庞大的各种组合中找出最优化的投资组合是金融业必须要解决的问题。最近量子初创公司Multiverse 与西班牙银行 BBVA 合作，利用量子计算来优化投资组合，并提出量子计算方法，可在 10 382 个投资选择中快速而有效地挑选出由 52 个资产组成的投资组合。处理如此庞大的数据，如果用传统算法的经典计算机约需要两天，但使用量子计算机计算，在几秒内就可得到结果。日本大型控股集团 MELCO 投资株式会社也利用富士通数字退火技术，计算股票最佳投资组合，协助客户进行有稳定收益率的精准投资决策。目前量子金融相关研发的初步迹象显示，在处理大量及不确定性的优化问题时，量子计算有压倒性的优势。同样方法也可以套用在一般银行业务中，包括用来管理分配 ATM 网络中的现金，避免现金过多或不足的问题。2022 年 1 月，国内新华财经联合本源量子共同发布首个量子金融应用，在新华财经 App 上线，目前有"量子投资组合优化""量子期权策略收益期望""量子 VaR 值计算"和"量子期权定价"四个功能。无独有偶，2022 年 3 月，玻色量子与光大科技、北京量子信息科学研究院联合发布了量子计算投资组合产品——"天工经世量子计算量化策略平台"，基于经典的马科维茨投资组合理论，玻色量子应用相干量子计算（CIM）技术，解决了投资组合配比的优化问题。此次发布标志着量子计算量化策略平台首次在国内金融行业正式上线。

既然可以从众多资产中找出符合风险收益的最佳投资组合，那么也可以找出有最佳套利机会的资产组合。例如，可以将欧元转换为美元，再转换为日元，然后再转换回欧元，找出在此汇率转换过程中的获利可能，这就是跨货币套利。初创量子公司 1QBit 曾经展示如何利用量子退火算法在外汇市场找寻保证获利的循环套汇机制。瑞银集团（UBS）也正与另一家初创量子公司 QxBranch 合作，致力于研究量子算法在外汇交易和套利方面的应用。目前虚拟货币的种类越来越多，形态也多元化，如何在虚拟货币间，甚至在虚拟货币与真实货币间套利，未来只有量子计算机可以提供快速而正确的答案。摩根大通和巴克莱银行（Barclays Bank）则在使用 IBM 量子计算机来测试蒙特卡罗仿真进行投资组合优化。如果未来量子计算机硬件更成熟，强大的量子计算机高速计算将会给金融业带来革命性思维与冲击。

信用评分和分类也是金融的重要问题，现在美国家庭总负债估计约为 17 万亿美元，违约率约为 2%。2001—2016 年，美国倒闭的金融机构有 547 家，银行不良贷款一直是其倒闭的主因。对于银行和其他金融机构来说，评估借款人是否有足够的还款能力非常重要。在同意贷款前，银行会考虑借款人的收入、年龄、财务历史、抵押物等，进行信用评分，以确定风险高低。当有新贷款申请时，银行常要用机器学习中的资料分类（Data Classification）来确定申请人过去的哪些数据可以变成有用的信息。当申请人的数据类型繁杂，为简化数据分析成本与时间，必须使用主成分分析先找出重要相关的个人资料。量子计算加强主成分分析运算的选择主要有两种，一是使用 HHL 量子算法将多维度的问题中较重要的维度找出来后，先将数据降维，再加速计算处理；二是通过二次无限制二进制优化（QUBO）模型来完成，1Qbit 公司用量子退火算法解决 QUBO 特征选择的问题，确实可在同样精度下将特征维度减少。除了以上的各种量子金融应用外，在金融相关领域中最常被提到的量子科技应用至少还有以下两种。

（一）金融密钥

RSA 加密算法是一种非对称算法，广泛应用于金融密钥加密和电子商业中。RSA 是由罗纳德·李维斯特（Ron Rivest）、阿迪·萨莫尔（Adi Shamir）和伦纳德·阿德曼（Leonard Adleman）在 1977 年一起提出的。RSA 算法基本是架构在对极大质因子分解的计算复杂度上，假如有快速质因子分解的算法，那么 RSA 加密算法的可靠性就会消失。量子计算机结合量子算法，其中最著名的秀尔算法，就是有机会破解金融界所依赖的 RSA 密钥，这将对金融资金安全造成冲击，也被称为 Y2Q 危机。RSA 加密算法，原则上就是把两个很大的质数（A 与 B）分别给甲、乙两个使用者，当需要确认时，甲、乙两人把 A 与 B 相乘便出现一个数字，这个数字只有 A 与 B 合在一起才能得出。由于合成数字太大，除非破解者事先知道 A 或 B 分别是多少，否则即使知道合出来的数字是多少，也不可能通过经典计算机暴力破解。这是因为庞大数字的质因子分解所需计算的时间非常漫长，经典计算机无法实时算出来。其实这个密钥方法类似于中国古时作战控制军队的虎符。春秋时代出现的虎符是一种铜质虎形令牌，虎符内部中空，对切成左右两半，右半在帝王手中，左半在领兵将领手中。军队调动时拿着虎符合并无误，便可出兵。受当时工艺水平限制，伪造虎符几乎是不可能的，如同今天的 RSA 加密算法（见图 7.4）。

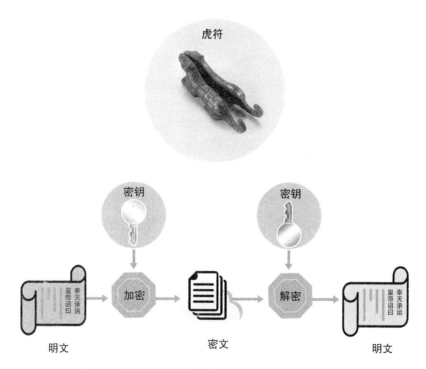

图 7.4　古代调兵虎符与现代金融密钥有异曲同工之妙

　　美国数学家秀尔在 1994 年提出秀尔算法，证明量子计算机能够在远胜经典计算机的速度下进行质因子分解运算，后来曾用量子计算机分解 143 与 56 153。但受 NISQ 时代量子计算算力的限制，无法真正快速解出任意大数的两个质因子。如果使用秀尔算法，以前估计需要 10 亿个量子比特才能破解 RSA2048 密钥。最近 Gidney 和 Ekera 成功找到改善方法减少运行秀尔算法所需的量子资源，估计量子计算机破解 RSA2048 密钥所需的量子比特数将从 10 亿降低至 2 000 万，而现在量子计算机只有约 433 个量子比特，用量子计算机破解 RSA 加密依然是遥远的梦想。然而，真正的问题在于信息保密的时限，如果只是短期保密，完全不用担心量子计算机的威胁，而如果是希望保存 30 年以上，便需要一种新的"后量子密码"①（Post-Quantum Cryptography，PQC）加密形式，因为 30 年后，容错型通用量子计算机应该已经风行了。对大多数人来说，只有传送信用卡等个人信息时，才有机会接触到 RSA2048 加密，即使这些交易记录在几十年后外流，也没有太大损失，但对政府或军事机构来说，如果信息需要长期保密，还是以 RSA2048 密钥加密或类似的方式发送，那么可能就必须认真考虑现在使用后量子密码了。

---

① 研究后量子密码的专业领域我们称为后"量子密码学"，是专门研究能够抵抗量子计算机的加密算法，与量子密码学（如量子密码分配）不同的是，后量子密码学使用"经典"的密码系统，而不是量子系统，它的安全性来自无法在有限时间内被量子计算机有效解决的计算难题。

（二）虚拟货币与区块链

比特币的安全性是建立在椭圆曲线数字签名算法（Elliptic Curve Signature）上，比特币的拥有者持有一个私钥，并发布一个公钥，公钥可以很容易地由私钥生成，反之则不然。虽然经典计算机很难通过公钥算出私钥，但椭圆曲线这一不对称的数学方程也可能在容错型通用量子计算机出现时被轻易破解。除了虚拟货币外，区块链的技术目前也应用到许多新兴的虚拟资产上，最近较有名的是艺术品界的非同质化代币（Non-Fungible Token，NFT），未来甚至有元宇宙的虚拟土地。虽然非同质化代币还未真正普及，但其交易热度和市场接受度日渐增高。量子计算技术显示其对区块链的威胁和未来金融市场的冲击不容小觑，因此后量子账簿的技术与后量子密码也都在发展中，这场虚拟世界中"矛"与"盾"的对决，将随着量子计算渐趋成熟和区块链技术的普及化而越来越激烈。

四、超大型城市优化管理

如今，世界人口越来越集中，也造成超过千万人口的超大型城市的数目与日俱增。在如此拥挤的城市中，各种社会问题慢慢浮现，资源如何有效分配来解决人口集中化所引起的问题是极重要的议题。

第一，交通问题。有效安排大众运输及交通流量管理，将输运量优化，实时纾解交通拥堵已经刻不容缓。2017 年，全球最大的汽车制造公司之一德国大众与 D-Wave 合作，在交通拥挤的北京市为 1 万辆出租车提供路线规划的服务，量子计算可在几毫秒内判断并执行交通优化的任务。D-Wave 与大众利用在美国与德国的研发经验，在 2019 年于葡萄牙里斯本市内投入 9 辆公交车进行测试。这是世界上第一个使用量子计算机进行交通优化的试验，云端的量子计算能够帮助公交车决定最快速便捷的行经路线，减少交通拥堵与通行时间。

第二，后勤物流方面。加拿大西部零售商 Save-On-Foods 与 D-Wave 合作，使用混合量子算法为其业务带来零售上的优化解决方案。最佳结果是将一项优化任务时间从每周 25 小时大幅减少到仅 2 分钟，并且可以真正实现全局优化。

第三，生产排程。德国大众通过混合式量子算法，优化汽车涂漆的顺序，可显著减少汽车涂漆颜料开关的数量，从而提高性能。

第四，供应链管理。阿联酋的迪拜环球港务集团（DP World）已开始研发量子计算在物流和贸易行业之间的应用，包括工业物流、车队和运输管理，利用量子计算的神奇力量，开创供应链优化的新时代。

以上都是量子计算中已经进行的分配，未来有更多机会将其应用到更宽广的层面。现在有很多企业已经把量子计算当作一个未来发展的必要选项，不久之后，生活中的量子应用将会无所不在。

小 结

一、量子计算的未来，现代国家的挑战

目前仍处于 NISQ 量子计算阶段，乐观估计 10 年后会进展到容错型通用量子计算机时代，大部分经典计算机无法解决的问题将有机会得到实时处理。IBM 推出的商业化云端量子计算服务，象征着量子计算时代的曙光乍现，但是距离进入实质性的企业应用仍有一段时间。量子计算初期的应用在于量子退火与 NISQ 可以解决的特定问题，目前使用经验已经显示出巨大的商业潜力。一旦量子计算机真正成熟，进入容错型通用量子计算机时，企业如何找到量子利基，政府如何应对量子风险等，都需要提早进行全方位规划。量子计算机在搜索、优化、分配与排班等问题上都有优势，只要能够适当定义量子初始状态，量子算法比经典算法有效多了。在很多领域，量子计算已经显现出强大优势，第一个大应用领域就是金融应用的优化问题。全球最大的管理顾问公司和技术服务供货商埃森哲咨询公司，也着手开发量子混合计算的服务，并进行了一系列商业实验，希望以量子应用进行货币套利、信用评分和交易优化。中国的本源量子也推出多种量子计算应用在化学与金融的应用软件中，并在特定问题上体现出优势。

二、企业和国家如何应对

当今的手机比阿波罗登月计划时使用的计算机要强大数百万倍，而未来量子计算机有可能比现在的超级计算机还要快上 1 亿倍。量子计算的强大吸引力在于可以即时求解出经典计算机需要数 10 年才能解决的复杂计算难题。量子计算机与超级计算机间的差异甚至比超级计算机与算盘间的差异更大，而在未来数 10 年造成的影响可能比过去的半个多世纪更剧烈。也有人说，2020 年出现的量子计算机类似于 2010 年出现的手机，但影响力可能更深远。

量子计算已经从实验室里的实验发展成为即将改变各种行业的工具，量子计算能够帮助我们了解生物进化进而治愈癌症，甚至抵御气象灾害。除了 IBM 外，微软的 Azure 云，本源量子、华为、谷歌和亚马逊也都发布了量子工具的云平台。谷歌宣布已实现量子霸权之后，IonQ 更是以 20 亿美元正式上市。风险资本已积极投入量子计算领域，根据《自然》杂志的一项分析，到 2019 年年初，私募基金已在全球投资了至少 52 家量子技术公司。各国政府在了解量子科技的重要性后，也纷纷对量子相关产业加大投资。目前世界投入量子计算应用研发的初创公司不胜枚举，例如 1Qbit、QxBranch，还有开发云端量子运算服务的 Aliro 也完成了种子轮募资。除了量子初创公司外，各科技大企业更是积极投入量子科技的领域。由于现在量子科技已是准商业化的阶段，不遗余力地推动量子计算的 IBM、英特尔和谷歌等早已联合许多合作伙伴，针对各自领域所面对的难题，进行各种量子计算的应用研发。埃克森美孚（ExxonMobil）与 IBM 一直在共同尝试优化全球商船舰队运输能源产品的复杂难题，用量子计算寻找最佳管理方案。德国的宝马公司（BMW）也开始采用 Honeywell 的 H1 量子计算机来优化供应链与汽车组装的复杂排班，以提升产能与销售额。新日本制铁株式会社（Nippon Steel）和 CQC 使用 IBM 量子计算机，利用 CQC 开发的专用算法来运行仿真，发现经典计算机无法得出的新型铁晶体，有助于创造新型钢材，并解释了地心铁核在高热与高压下的基本问题。高盛与 IonQ 也展示了在量子计算机上可以更快而有效地处理金融风险定价。中国的百度、阿里巴巴、腾讯与华为均早已成立量子计算部门，积极投入量子计算应用的领域，近期，京东也设立京东探索研究院，聚焦量子计算的研究。

一旦量子计算应用真正起飞，就会呈指数曲线快速成长。大型企业与国家非常清楚"今天不投资，明天就后悔"的逻辑，也知道指数成长曲线上的真正起飞点就是现在，因此纷纷积极投资量子计算。由于量子计算是未来颠覆性变革的重要机会，除了原有科技大国全力推动量子计算希望带动新兴产业的未来，许多新兴国家与企业也希望能趁此良机"换道超车"，纷纷投入量子竞赛中。未来谁能率先找出有效的量子计算突破优势产业，必将获得绝对丰厚的利润，并以创新的领航者的姿态颠覆产业发展方向。中国能否在短暂的科技转变契机中做出适当决策，在"第二次量子科技革命"的全球竞争中脱颖而出，需要集体智慧以及政府与产学研各界的共同努力。

展望未来，量子计算与人工智能的结合将超越经典计算，在自然概率的精密妙算后给出最佳结果，这全靠有志之士的努力研究才能共同吟出神奇的量子天籁音，有诗曰：

> 人工智能天间语，量子能级盖古音，
> 机率自然源妙算，运筹帷幄引龙吟。

第八章
量子计量学与量子传感器

沾衣欲湿杏花雨，吹面不寒杨柳风。

——志南

没有一个人能全面把握真理。

——[古希腊] 亚里士多德（Aristotle）

第一节　特殊的生物量子传感

众所周知，人有视觉、听觉、嗅觉、味觉和触觉五种感知，但其他生物有许多感官能远远超越人类感知的灵敏度，甚至比现代科技的传感器更灵敏。例如，我们从小就知道鹰的眼睛能从高空看到地面微小的猎物，蚂蚁的嗅觉可以让其闻到极远的食物气味，猫与狗可以听到细微的声音。又如，人类借助科技产品全球导航定位系统定位，那么其他生物是如何定位的呢？科学界发现有许多生物都具有"磁感定位"的能力[1]。目前已确定鸟类定位的主要机制：一是由氧化铁纳米颗粒的传感器将磁场信号传导到大脑；二是视网膜中成对的光化学形成的自由基对的量子自旋动力学，以此来感应地磁变化，将磁信号转换成视觉信号并产生定位行为。德国科学家萨宾·贝格尔（Sabine Begall）也由"Google Earth"上的卫星照片发现，牛吃草时身体会偏好沿着南北极轴排列。生物量子传感效能远比目前世界上任何传感器都灵敏，这也

---

[1]　详细内容可参见：https://highscope.ch.ntu.edu.tw/wordpress/?p=65986.

表现出现今使用的传感器仍有极大的进步空间。

第二节 计量与传感

计量学（Metrology）是研究测量的科学，主要建立全世界对单位的共识，是科技进步的基础，也影响着人类生活。温度、长度、质量与时间的基本物理量单位，以及距离、位置、位移、加速度等衍生物理量单位都属于计量学的研究范围。计量学通常分为基础计量（主要定义各种计量单位）、应用计量（计量应用于制造业和社会上的其他应用），以及法律计量（包括法规和测量仪器、测量方法的规范）。

精密测量在所有科学里都很重要，量子计量学（Quantum Metrology）是利用量子现象来对物理学基本单位进行高分辨率和高灵敏度测量的研究，特别是利用量子纠缠和量子测量开发出比经典物理的测量技术更精确的测量。

传感器用于探测环境中的各种变化，传感器探测到信号后，一般有两种处理方式，一是将取得的信息就地处理完毕，也就是实时边缘计算[①]，二是将取得的信息传送至网络上其他的电子装置或云计算中央集中处理。传感器通常由感测组件和转换组件组成，日常生活中常见到的额温枪就属于这类被动型传感器（见图

---

① 边缘计算是一种将应用程序或数据运算由网络的边缘节点来处理的分布式计算。

8.1）。但有时也包括信号产生与发送器，由传感器的信号源产生的信号接触到待测量的物体后，就会产生反应，再由感测组件探测反射的信号加以分析，雷达就属于这种主动型传感器。

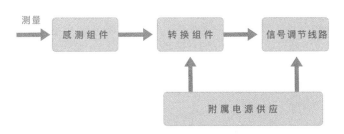

图 8.1 传感器测量信号后经转换组件变成可处理信息

简单来说，量子传感器就是将人类原有的感官通过量子仪器提升灵敏度后，以此探测原来在环境中无法感受到的变化。量子传感器是利用量子叠加特性与量子纠缠特性来突破目前传统传感器的极限，将环境中的各种变化，如温度、磁场、压力、时间、长度、重量等各种基本物理量和导出量，都提升到量子极限。量子传感技术可以使用原子、分子、光子，甚至人工原子等量子系统来测量环境的变化，不同量子测量系统所使用的物理原理都不相同。量子传感技术涉及量子发射和量子测量的设计和工程学等领域，常见的组件主要以光子系统或凝聚态系统为主。量子传感技术能利用量子纠缠和量子干涉等特性来突破现代电子学传感极限，使得外界的各种变化更容易被掌握与监控。量子传感器与计量学应用极广，在航空航天、气候监测、建筑、能源、生物医药、交通运输和水资源利用等各种领域都具有重要意义。

量子传感器的应用牵涉不同的物理量，如磁力、光、重力、时间、频率等，目前量子传感器可粗略分为量子重力计、量子罗盘、量子磁力计、量子时钟等不同类型的仪器设备（见图8.2）。量子传感技术被视为与量子计算、量子通信同等重要的量子信息科技。一般认为，相对于量子计算机，尽管量子传感技术难度较低且规模较小，但与民生需求更为密切，研发成果能更早地进入商用市场。目前市场上的量子传感设备，大多以大型实验室级别的仪器设备为主，如何在短期内缩小设施体积与降低量子传感器成本，仍需科研界的更多努力。量子传感技术已成为新一轮科技革命和产业变革的前沿关键领域。2016年，国仪量子公司成立，致力于量子精密测量、高端科学仪器的研发和产业化。量子精密测量技术是使用量子技术对物理量进行更高分辨率和更高精度的

图8.2　量子传感组件的各种应用

测量技术，量子科仪谷和国仪量子总部基地建立在合肥高新区，以量子精密测量优势技术为核心，致力于打造科学仪器行业成果转化和产业化的集聚示范基地。

第三节　量子传感器的应用

在量子物理中，测量是对物理系统的测试或操纵，可以产生数值结果。量子物理学作出的预测具有概率性，只有经过测量才能知道。在量子世界，知道等于测量，不经过测量就等于不知道。要想知道就必须选择测量方法，具体的测量方法将决定测量的结果，而测量也一定会影响量子态，只是影响程度不同而已。海森堡测不准原理基本上就是这个道理，动量与位置不可能同时被精准测量出来。海森堡测不准原理是从无数实验中归纳出的事实，由海森堡测不准原理可以推导出不可克隆性。量子力学的一个奇怪的现象是不可克隆定理：量子态不能克隆。严谨地说，量子不可克隆就是指对于任意量子态，我们是无法通过测量确定量子的所有特性。因为如果任意量子态可以完全克隆，就可以先精确克隆许多份，然后分别用不同的测量方法来精确得到各种不同的量子特性，也就可以分别知道量子的每种特性，海森堡测不准原理就不可能成立了。量子不可克隆定理与海森堡测不准原理基本上是一体两面，即测量或克隆都会影响原有的量子态。

任何量子测量都需要适当读取探针来测量，比如量子磁力计。

量子探针会将量子态投影到几种可能的最终状态之一，因此测量过程会出现固有的不确定性，并容易受到外界噪声的影响。量子计量学领域已经研发出目前所设计的最精确的测量仪器。此外，各种新颖量子传感器也纷纷出现，可用于探测潜艇和隐形飞机，也可用于定位、导航和授时（Position、Navigation and Timing，PNT）。"量子PNT设备"是惯性导航系统，不用靠GPS即可实现导航，这将改变潜艇水下导航的游戏规则，影响国防深海战略。目前处在开发中的主要量子传感器有以下几种。

一、量子重力计（Absolute Quantum Gravimeter，AQG）

冷原子测量重力是利用原子落下时所产生的量子干涉图像来测量重力大小变化。在量子重力计问世之前，重力计是通过激光干涉法测量反射器在真空中自由下落时的加速度的。量子重力计将极低温下的一群冷原子（铷）从高处自由落下，然后通过物质波干涉测量其垂直加速度，因为利用了量子特性，所以测量精准度可以达到地球表面重力加速度 9.80 m/s^2 的十亿分之一以内。精准的重力测量有广泛的用处，除了可以提供全球水资源管理监控或自然灾害监控，还可以检查道路、水坝和堤防建筑物的裂痕变化。以地球扫描为例，利用卫星进行全球大尺度的变化监控，并结合大气和水文的大数据分析，可用于洪水、地震及火山爆发等各式自然灾害的预测及监控，量子重力计能够提供比目前卫星图像分辨率更高的精密变化图像（见图8.3）。

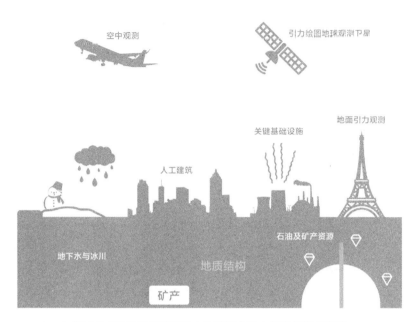

图 8.3 卫星利用量子重力计进行全球大尺度的变化监控

二、量子磁力计：金刚石 NV 色心磁振造影术（NV Diamond NMR）

金刚石中的氮空缺（NV）色心的自旋就是一种灵敏的磁场纳米传感器。带负电的氮空缺（NV–）色心是金刚石晶格中的点缺陷，具有独特的自旋量子特性，可以超灵敏地分辨磁力变化。氮空缺色心由一个与碳空位相邻的氮原子组成，其电子自旋态为 1。金刚石中的氮空缺色心除了可以作量子计算机中的量子比特外，另一个就是作量子传感器，氮空缺就是一个自旋，这个自旋对外在的磁场变化很敏感。由于金刚石 NV 色心传感器的大小为纳米级别，所以可以非常接近待测样品，并意味着检测场的可鉴别度显著增加。因为高灵敏度与高磁场鉴别度的结合，金刚石 NV 色心成为在极低磁场下执行高分辨率核磁共振实验的理想传感器。

医院里的磁共振成像（MRI）其实就是一个大型核磁共振机。MRI 需要至少 2 特斯拉（Tesla，T）以上的强磁场来完成测量，待检测的病人躺在里面，因为人身体里的组织信号太弱，探测时在里面要保持不动，以免产生噪声。人必须在强磁场下待一段时间让探测信号累积到一定强度，才能让医生与人工智能有效地判别身体状况。由于磁场太强，进去前需要病人取下身上佩戴的所有金属物品，以免受到不必要的伤害。随着科技的进步，预计 10 年以内可以使用人工金刚石 NV 色心做出来的"探测鼠标"，在家里就能自行探测，利用磁共振成像来获取体内组织信号，然后将信号传入计算机中重构整体影像，再上传给医生判读，而不用再亲自去医院做检测。

心律不齐的特征就是心跳速率时快时慢的不规则变化。磁感应断层造影技术是一项通过测量心脏磁场变化来诊断心律不齐的新兴量子技术，可以有效诊断纤维性颤动并研究其形成机制。量子磁力计的出现，在成像临床应用、病患监测和手术规划等方面都有帮助。量子磁力计的优点是体积小、重量轻、功率低、成本低，可以大幅削减医院运营经费与患者的负担。

三、量子时钟（Quantum Clock）

原子钟是一种时钟，它以原子共振频率标准来计算及保持准确时间，也是国际时间和频率转换的基准，并用来控制电视广播和全球定位系统卫星的信号。德国的铯原子钟在 1.87 亿年的时间内，误差不会超过 1 秒钟（1.7×10^{-16} 的不确定性）。最近，美国麻省理工学院设计出一种新型量子时钟，通过测量相互量子纠缠的原子组可以达成误差更小的计时。测量单个原子的行为就像随机抛硬币，一组原子如果彼此纠缠，则它们的振荡频率相同，那么与不纠缠的原子组相比，误差就会较小。量子时钟足够灵敏，不仅可以检测暗物质、重力波等现象，更可以探讨"光的速度是否会随宇宙年龄改变""宇宙常数是否会改变"等基本的物理问题。

四、量子罗盘（Quantum Compass）

全球导航定位系统（GPS）是现代科技产品中必备的功能，从手机、无人机、相机到车辆导航都有所应用，如今已很难想象没有 GPS 的生活。GPS 一般会有信号接收不良的风险，最近科学家利用量子技术研发出"量子罗盘"。事实上，在手机、笔记本计算机中都有加速度器来测量物体速度随着时间所发生的位置变化，但一般加速度器有缺点，如果没有卫星的外部标准来校正位置数据，是无法长时间保持稳定精度的。有许多技术可以干扰 GPS，从而影响船只运作，这对国防安全是一大隐忧。量子罗盘运作方式无须依赖卫星，可以在地球上任何位置精确定位，完全不受外界干扰。但是目前量子加速度仪只是实验模型，体积非常庞大且价格昂贵，又需在极低温环境下运作，缩小体积与降低成本是未来的努力方向。由于量子加速度仪不受外界影响，未来这项技术可用在任何可能会因为环境因素而接收不到 GPS 信号的装置上，例如购物中心内的死角，甚至深海里的核潜艇与无人驾驶系统。2021 年 10 月，美国核动力潜艇在印太海域的深海发生碰撞，不仅不知道撞到什么，而且不知道为何发生碰撞。未来如果有量子罗盘，这种深海事故将会大量减少。

五、超导量子干涉仪（Superconducting Quantum Interference Device，SQUID）

超导量子干涉仪与磁性异常探测仪（Magnetic Anomaly Detector，MAD）同样利用磁性来探测潜舰，但 SQUID 灵敏度远高于 MAD。SQUID 中的约瑟夫接口，也是超导量子比特内的重要组件。超导量子干涉仪是一个超灵敏的磁力强度计，能测出低到 5×10^{-18} T 的磁场。一般冰箱的磁场约为 0.01 T，地球磁场强度通常在 5×10^{-5} T 之间，生物磁场在 10^{-6} — 10^{-9} T 间。由此可见，超导量子干涉仪的精度相当惊人。现役的反潜机上，都安装着 MAD，利用磁场异常的变化来探测潜艇，但是探测距离只有 500 米。中国在 2017 年曾将超导量子干涉仪安装到直升机上，成功探测到了地下深处的含铁物质。美国根据这项资料，推算出这样的技术将可在 6 000 米距离外发现潜艇。因此，美国也担心深海中潜艇的位置会被中国轻易定位，进而掌握全球的深海潜艇活动。2021 年 3 月 31 日，美国《国家利益》（*The National Interest*）杂志炒作称，中国在超导量子干涉仪技术上的进步，将使核潜艇变得毫无用处。美国的海狼级和弗吉尼亚级攻击型核潜艇、俄罗斯阿库拉核潜艇的最大潜深都大于 500 米，都很容易躲过传统的磁性异常探测仪。而地球海洋的平均深度只有 3 600 米，中国南海最深处只有 5 559 米。因此，一旦中国有了 6 000 米以上的探测技术，核潜艇将再也无法逃脱被探测到的命运。

六、量子雷达（Quantum Radar）

雷达（Radio Detection and Ranging，RADAR）是无线电探测和定距的英文缩写的音译。将电磁能量以定向方式发射至空间中，再接收天空上物体的反射电波，可以计算出该物体的方向、高度及速度，并可以探测物体的形状。随着隐形科技和电子干扰技术的快速发展，隐形战斗机已经变成战场上的主要攻击力量，传统雷达如今已是英雄无用武之地，如果未来有隐形导弹，那更是防不胜防。因此，如何有效探测隐形飞机与投射武器就成了重要的军事技术问题。

近年来，美国积极发展隐形战机、隐形导弹和隐形无人机，这些隐形飞行物主要利用物体表面设计和隐形涂料来减弱雷达对飞机的探测能力，从而达到隐形目的，最终隐形飞行物可藏身于浩瀚的天空。如图 8.4 所示，传统雷达由发射天线射出无线电波，当无线电波碰到飞行物时，反射波会被接收天线接收，这样就能知道有飞行物体进入领空。然而，隐形飞行物因为有特殊涂料与特殊外形设计的庇护，传统雷达不仅因探测回波减少而测不到信号，还可能受假信号干扰而发出假警报，完全失去应有的防空功能。

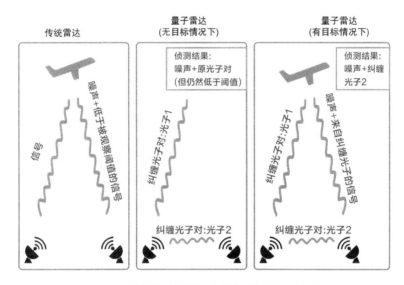

图 8.4　量子雷达与传统雷达的工作方法示意图

注：左边的传统雷达发射出电磁波后碰到飞行物体再反射到接收天线。右边量子雷达发射出一组纠缠量子后，利用量子纠缠性大幅提高灵敏度与抗干扰性。

　　而量子雷达就是隐形终结者，量子成像利用纠缠光子对，利用与电磁波完全不同的物理特性，大幅提升对目标的探测性能和抗干扰、抗欺骗能力，非常适合应用于军事。发射天线将一组纠缠量子分别射向空中和直接射向接收天线，这组量子彼此纠缠，当空中的量子波碰到隐形飞行物时，由于纠缠特性，可以轻易探测到空中的隐形飞行物。量子雷达的另一个优势是抗干扰性。这主要因为量子测量时会改变光子的特性，通过对光子特性的定时检测可以发现是否在空中已受到干扰，可以有效防止受骗。随着量子雷达技术的逐渐成熟，未来几乎可对所有的空中隐形目标进行监测与追踪，是现在造价昂贵的隐形战机的克星。

理论上，量子雷达具有可分辨隐形目标的特点，是未来科技战场的千里眼，随时可看到来袭的各种隐形物体。然而，受物理上的各种限制，量子雷达的想法能否实现仍然受到许多科学家的质疑，但美国国防部常援引媒体报道中声称的，中国已研发出可监测到 100 千米以外的隐形飞机的新型量子雷达。因此，2021 年美国的参议院委员会通过《无尽边疆法案》，要求政府投入 1 100 多亿美元从事基础与先进科技的研究，在量子研究上加大投入，确保未来可以有更多的量子技术应用到国防安全上，从而继续保持美国的军事优势。但美国国防部在 2021 年关于量子科技的正式报告中却提到量子雷达对军事帮助不大[1]，而真正的国防用途仍有争议。近期，在民用场景中有些量子雷达也被提出，包括利用量子雷达监控环境中的各种变化，如监测有毒气体等。

七、量子随机数生成器（Quantum Random Number Generator，QRNG）

在许多棋类游戏中，骰子往往是重要工具之一，刻在骰子上

---

[1] 详细内容可参见：https://www.thedrive.com/the-war-zone/40933/quantum-radar-offers-no-benefits-to-the-military-say-pentagon-science-advisors.

的数字可以决定游戏的胜负。几乎所有的桌游都需要有一个骰子来添加随机性因素以制造更多乐趣。最常见的骰子有六面,不过也有更多面的骰子,可以创造出更多数字随机分布。骰子就是一种古老的有限数字的随机产生器。

几乎所有在线电子游戏以及密码学等应用都会用到随机数生成器,通常是利用算法来产生一序列的随机数,这就有点像程序中虚拟的骰子,每次有需要就由算法产生一次随机数。像骰子这种由真实物体产生的数字序列,一般被称为真随机数生成器(True Random Number Generator,TRNG),而利用算法产生的序列数字则被称为伪随机数生成器(Pseudo Random Number Generator,PRNG)。PRNG生成的序列并不是真随机,而是由一个初始种子值来决定序列数字如何产生,因此只要输入同样的起始值,后续所有序列数字都会呈现,无法像真随机数生成器一样完全无法预测。随机数生成器现在是所有计算仿真以及密码学中的重要组件,因此一个完美的随机数生成器变得非常重要。

TRNG通常每秒只能产生很有限的随机数,产生速度远比PRNG慢很多。为了提高随机数生成效率,常用TRNG作为PRNG的"种子"起始值,产生较真实且无法重复的随机数序列。严谨地说,骰子仍然是在经典力学的适用范围,只要起始条件与施力状况控制得当,理论上骰子产生的数字还是可预测的决定性结果。因此也有人说骰子不是TRNG,只能说是硬件随机数生成器(Hardware Random Number Generator)。现代科技中的加密、仿真计算、在线游戏等,都依赖于快速而公平的骰子,因此追寻完美的随机骰子,一直是重要研究方向。

爱因斯坦的"上帝不会掷骰子"论点，恰是完美的量子随机数生成器 QRNG 的重要随机起源。QRNG 利用量子内在的概率性来产生真正的完美骰子。由于 QRNG 的量子机制已被充分掌握与理解，因此产生随机数的量子组件也已经被使用在信息加密上。ID Quantique（IDQ）2020 年宣布，已将 QRNG 芯片整合于三星手机中以保护用户的重要数据。QRNG 目前主要研发方向在制作出更经济、更快速与更微型的量子随机芯片上。

小　结

人类自身的能力有限，无法感知全世界的事物。从古至今，许多人希望能够更多地了解宇宙，但是由于没有足够灵敏的传感器来超越自身的感知，因此创造出许多与感知有关的怪谈与传说。尽管，其中有很多幻想是用科学名词来伪装的"伪科学"，但有些幻想也确实在科学上有其合理性。然而，科学只是知识的一部分，有其研究的特定范畴与方法论。人类知识的积累与科技的发展，很大程度上是因为正确使用了科学的方法论，拓展了已知的知识与未知的边界。如图 8.6 所示，知识大致可分成四种。

一是应用：知道的已知。工程或是应用科技的原理基本上已经掌握，需要大量人力与物力去探索应用，也就是应用科技的主要范畴，量子科技刚开始进入这　领域。

二是探索：知道的未知。待了解的学问，也是已知与未知的交界，已经有许多证据和资料，并且符合已有的科学知识，这也是科学发展最注重研究的区域。有趣的是，已知范围越小，所需要探索的区域也就越小，所以古代的科学家常可横跨多个领域。近代以来，由于已知范围非常大，因此有待探索的已知与未知边界也就极大，需要更多人力与物力投入才有可能持续地扩张人类的已知领域，而这也是科学探索持续发展越来越困难的主因之一。

三是本能：不知道的已知。主要是经验法则，但常常可以重现，有许多观测数据不断累积，历史上的天文学就是由这个区域然后逐步转为科学。现代社会学、经济学与管理学都与之类似，有适当重现性，但是又不如物理学那般精准且可以控制。

四是未知：不知道的未知。完全未知的区域，甚至连现象与问题都不了解，远在已知边缘之外，又甚至可能都不在四个象限范围之内，怪谈与传说可能就属于此类。这一领域的实证数据不足，重现率又极低，并不符合科学方法论，只能寄望未来有更多可重现实证进一步辨别。由于太多不确定性与完全无法掌握的重现性，只能成为"盍各言尔志"的聊天话题，而不适合做科学探索的短期目标。孔子说的"未知生，焉知死"，就是劝告大家要先行避开探索现象的风险。

其实还有一种"特殊的误区"分布在各个区域，那就是图 8.5 中的圆点，以为已经知道，但其实只是片面掌握，甚至是错误的认知与恶意的误导。误区的产生有时只是单纯出于了解不足的愚昧，但有时确实是因为满足私欲的刻意造假。这类误区常会对社会造成不良的影响与伤害。

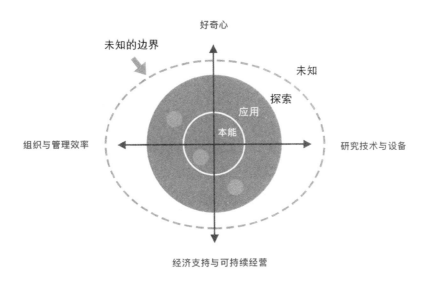

图 8.5 知识的分类

注：（1）应用：知道的已知；（2）探索：知道的未知；（3）本能：不知道的已知；（4）未知：不知道的未知。除了这四种，还有一种不知道的未知是以为已经知道但其实并不知道。

量子传感器技术目前已经进入"知道的已知"应用范围，还需要大量量子工程师及资源投入，发展出各种突破传统传感器极限的设备，让人类的感官可以利用量子传感技术来进一步延伸，完成更多人类长久以来的梦想。超越人类自身感知，有诗曰：

眼耳舌闻人间欲，出凡入圣了心机，

痴迷众物开天性，量子全功感测仪。

第九章

量子通信与量子互联网

量子计算像"矛"，量子通信像"盾"，量子传感器像第六感（超感官知觉），将所有量子科技整合后就是量子物联网。

——张庆瑞

通信速度之快令人惊讶，但也造成假信息更猖獗。

——[美国] 爱德华·R. 默罗（Edward R.Murrow）

第一节　加密传输的重要性

现代网络通信有两个主要技术，一是建立传送网络，要能够有效且快速地将信息由发送者送交到接收者手中；二是信息加密，让信息不会被第三者在传送过程中恶意截取。使用网络时会发现所有网页会有两种不同开头——HTTP 与 HTTPS。两个网络体系都可以浏览网页，真正的最大的差别就是加密，"HTTPS"中的"S"就是表示安全（Security），通过"安全协定"多一道安全防护锁，以加密方式解决 HTTP 中无法保护的个人隐私的问题。目前仍有许多网站还在使用 HTTP，大家在使用时务必小心个人资料，因为 HTTP 对黑客几乎毫无抵抗力。

在古代信息传递的保密问题上也同样遇到现在网络通信的三个主要问题：一是安全有效和快捷的传递网络；二是用来盛放传递物的安全可靠的包装器皿；三是传输内容本身的保密。现在解决这三个问题的方法，因为时代进步而导致使用的工具发生了变化，但通信保密的方法与思维的分类则完全类似，从古至今并没有实质或结构上的变化（见图 9.1）。古代驿站的快书传递就像现

代的网络信息传递，过去通过人骑快马送书信，目前靠数字密文
在网络上传送。驿站是传递各种文书和军事情报的人在途中休息
与更换快马的场所，邮驿在中国出现已长达 3 000 多年，中国是
全世界最早的，有组织传递信息的国家之一。有了信息传递网络
之后，为确保信息在传送过程中的安全，需要对传递密文信息的
可靠器皿予以加密。中国古代最早的加密方式就是利用泥封，在
传递的竹简书信外用绳子捆好，然后在绳结处的泥块处盖上印章。
由于泥块与印章戳记都是独一无二的，任何人拆封后都无法还原
泥块及戳记，因此可以保证传递信息过程中没有人可以窃取信息。
重要信息甚至采用双重加密，由不同阶层的官员做两次泥封，更
有效地防止信息传递过程中被人打开偷看。至于传递内容的保密
方法，到北宋时就有军事保密通信的代码。《武经总要》中记载
使用"字验"方式将各种战争常用术语，例如"遭围困""需增
援"与"送武器"等内容归纳为 40 个短信息。出兵作战前，指
挥所会指定一首 40 字的五言律诗作为密钥，诗中每字都分别对
应一条短信息，前后方就用律诗进行加密通信。

　　信息内容加密的另一个简单做法，是设法将文字信息中的内
容打乱，即使信息被截也无法了解内容。但应该如何把信息打乱
呢？古代的中文加密就是利用类似元宵节的猜灯谜方式。武则天
时代，大臣叛变，皇帝截到一封书信，上面只有"青鹅"两字。
所有人大惑不解，武则天轻易拆解出"青"就是"十二月"的意
思，"鹅"就是"我自与"的意思，合起来解释，就是"十二月
起兵叛变我会亲自参与"。信息如果是英文就更简单，只要把字
母顺序转换，例如用第 4 个字母变成首字母，即以"D"代"A"，

依此类推，收信者只需要将转换的顺序还原回来就好。这种最古老的加密方式，据说是恺撒大帝在战争中使用过的，所以也称"恺撒密码"。二战期间，各国的高级将领都有一本密码本，上面写满密密麻麻的数字。当收到来自远方同盟的电报时，他们就会依照密码本上的信息来解密。因为电报都经过加密，所以就算电报被拦截，若没有密码本，一切的信息都只是乱码而已。

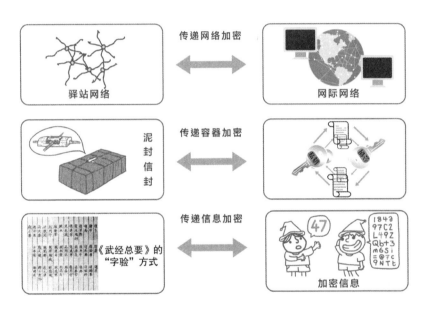

图 9.1　加密三部曲：古代与现代对比

现在新冠病毒肺炎疫情严重时，所有人都尽量不出门以防止疫情扩散，于是网络购物成了人们的必备之选。由于现代信息技术的成熟与网络科技的快速发展，人们能便利地通过网络购买到各种所需物品，从登录网购平台，输入个人账号与密码，选好商品放入购物车之后，再填好物品递送地址及联系电话，接着结账，大功告成，最后只要在家轻松地等物流将等商品快递上门。很难想象如果没有网络购物，在疫情隔离与自主封控中人们的日常生活要如何进行。但是在网购过程上，有多少个人信息被散播到网络中，而这些个人信息都是在开放的网络上传输，难免会被有心的黑客入侵窃取。要确保在传输过程中，数据不泄漏或被窜改。因此对数据进行加密及认证，是数字信息时代的重要问题。若没有可靠的加密保护，现在每天的海量金融交易就不可能在网络上进行。

平常网上购物，电商会将客户资料"加密"保护。目前先进的加密方式可分为"对称式加密系统"及"公钥（或非对称）加密系统"。如果加密与解密用的是同一把钥匙，就是"对称式加密"，如果加密与解密时用的密钥不同则称为"非对称式加密"。非对称式加密的算法较为复杂，背后也牵涉高深的数学原理。因此在加密通信中，收发双方需要事先知道加密方式和密钥，否则收到信后也无法解密。

有了加密协议后，如何有效和安全地在网络上交换密钥是极重要的问题，尤其是在无法确认绝对安全的通信网络中。现在数字世界里普遍选择的"非对称式加密"可以解决密钥分配问题，因此已经成为标准程序。如图 9.2 所示，所谓的"非对称式加密"就是每次会产生两种密钥：公钥和私钥。概念上非常简单，只需要一把特制的锁和一把公钥及一把私钥，锁上有三个转动位置 A（关）—B（开）—C（关），而两把钥匙转动的方向是相反的。如果公钥的转动顺序是顺时针方向，A → B → C，则私钥转动顺序就是逆时针方向为 C → B → A。鲍勃（Bob）传送信息时就同时准备一把私钥和一把公钥，私钥自己保管，公钥及安装特制锁的箱子寄给艾丽斯（Alice），箱子锁处在 B 的打开状态。艾丽斯收到后，就只要把信息放进箱子内，再用公钥转至 C，上锁寄回。当鲍勃收到后，再用私钥从 C 转到 B，解锁打开箱子。这个想法聪明之处在于，即使在传送过程中被恶意窃听者夏娃（Eve）在中间复制了公钥，而且又截获了艾丽斯返回给鲍勃的箱子。但在艾丽斯上锁后，夏娃手上的公钥无法逆向旋转，仍然无法打开箱子，只有鲍勃拥有的私钥能够打开，因此传输的信息是安全的。RSA 就是这样的非对称密码。每一种加密方式的公钥和私钥是有联系的，但是知道了公钥要做出私钥，需要做大量的计算，用现在的经典计算机几乎不可能实现。

图 9.2　特制的锁与公钥及私钥

还有一个身份验证的问题，鲍勃如何确定箱子内信息是艾丽斯传递的？这套加密系统完全解决了这一难题。方法就是艾丽斯自己再准备一个小箱子，把信先放进小箱子里，用自己的私钥上锁在 A 位置后，然后放进鲍勃的特制箱子里，再用鲍勃的公钥上锁至 C 位置。艾丽斯便可安心地在鲍勃特制箱子内装入小箱子及小箱子内的密件信息一起寄回给鲍勃，当鲍勃收到后，用自己的私钥打开自己特制的箱子，再用艾丽斯的公钥开启，若能开启，就可确定信息来自艾丽斯，这个方式有点像前文所提到的古代双重泥封。仔细想想，以公钥加密、私钥解密，是加密的方式；反之，私钥加密、公钥解密就是验证，也就是现在的数字签名。通过此签章可确保该信息的确是由私钥的持有人发出的，也确保该笔交易的确是由本人发起的。

当然，网络上并没有一个真实箱子在传输。目前的加密系统能如此安全，关键是有一个难以解开的数学难题，用公钥加密后需要用私钥才能解开。所以即使第三者截获到用公钥加密的信息，没有私钥还是解不了密。加密系统的数学难题越难解，信息传递就越安全。现行非对称加密算法中，著名的就是 RSA 加密算法、椭圆曲线密码系统，它们都是以数学难题来保证安全性，所以也有人说，相信信息保密其实就是信任数学。网络中广泛使用的 RSA 加密算法，其原理是对一个大整数做质因子分解，两个大质数相乘后要拆解回原本的两质数，这在数学上非常困难，数学上的天生不对称性保证了加密传输的可靠性。现代 RSA 加密法，利用质因子分解的不对称特性，经典计算机需要花费极长时间才能破解，因此数字越大则安全性越可靠。虽然这些数学难题用现在的经典计算机无法解开，但量子计算机却可以处理。关于这种数学难题的答案，常可转化成周期性结构，只要找到答案的周期，难题自动迎刃而解。由于量子计算机叠加态的特性，可以同时计算许多状态，再加上使用量子傅里叶变换，可以加速搜索函数的周期，因此可以比经典计算机更快速地解出答案。量子计算机发展正快速进步，Y2Q 迟早会来临，保护我们隐私的各种加密系统正面临强大威胁。如何在量子计算机硬件尚未发展成熟的空档之际，及早找出应对之策，来确保未来信息传递的绝对安全，已经成为全球性的重要议题。后量子密码时代已经开始，在基于数学难题的经典密码学中，开发出可以抵抗有量子力学特性的加密方案，以应对通用型量子计算机时代的来临，是新一轮抗量子终极密码战的矛盾之争。在另一个新方向，则发展了基于量子力学原理的量子密码学，通过感知窃听从而使得窃听者无法窃取信息来保证信息的安全。

第二节　量子加密

量子纠缠可以用来作为一种信息加密技术，但无法利用纠缠态来做超光速的信息传递。因为传输信息需要加载特定的信息在纠缠态粒子对中的一个，这已经破坏了量子纠缠，也就没有信息传递速度的问题。量子通信技术没有违背科学原理，它并不是以超光速传递信息，而只是一种较安全的量子加密信息技术。

在经典激光通信与量子加密通信中都是用光子来传输信息，但是经典通信中的每一个信号都包含了大量的光子，其量子特性被湮灭了，无法利用量子特性来感知窃听。如果将数字密码编码在光子的量子态上，依据量子的不可克隆定理，光子的量子态不能够被完美克隆，如果有人窃取并试图读取信息，就会改变量子态，从而会被发现。如果艾丽斯和鲍勃在彼此间发送具有量子性质的光子态，窃听者夏娃就无法在艾丽斯和鲍勃不知情的情况下窃取光子的信息。如果没有窃听，使用双方约定的方式，就能得到正确的信息。传统的安全是由窃听者的计算能力有限而无法解开密钥来保障的，但量子计算机有强大的计算能力，已经能破解RSA 等密码，新的后量子密码虽然能抵抗秀尔算法的破译，但还无法证明在量子计算机下不可被破译。而利用量子加密通信将提供密钥分发的绝对安全保障，再使用一次一密加密，信息传递也就有了绝对安全保障。量子密钥分配（Quantum Key Distribution，QKD）在传送信道受到物理定律的保护。量子通信结合量子力学和信息论的特性，具有极高的通信保密性，成为世界大国的研究重点和积极争取的高端科技。

简单来讲，QKD 是借助感知窃听使得密钥分发信息有了量子保护，窃听者无法获得任何传输的内容，即使是所有的加密数学被破解，窃听者也无法通过破译来窃取信息。因为量子性质保障了密钥分发的绝对安全。传统加密主要是依赖数学的复杂与困难性，量子加密则是借用量子力学的特性，在理论上可以绝对确保量子通信的安全。这些量子特性有两种。

第一，量子随机叠加性：利用量子世界概率特性，制作出真正的随机密钥，可以达成一次一密的通信。

第二，不可克隆性：试图读取量子态的动作，会导致量子态改变，因此无法对未知量子态进行克隆，也使得在量子网上的任何窃听成为不可能。

最早提出量子加密概念的是哥伦比亚大学的研究生斯蒂芬·威斯纳（Stephen Wiesner）。在 20 世纪 70 年代早期，美国的伪钞盛行，威斯纳建议使用量子力学原理制造无法伪造的数字量子货币，利用光子的偏振状态作为钞票的密码，因为量子测量不同于一般经典测量，测量时会改变这个量子态。制作伪钞时，要知道量子钞票的密码，就必须测量光子，也就破坏了量子密码，达到量子货币防伪的目的。但当时制作量子货币的成本太昂贵，无法引起大家的重视与兴趣。其实是威斯纳最早提出量子信息论中几个最重要的思想，包括量子货币、量子密钥分发和超密集编码等。他的很多思想并没有成为正式论文，而是以手稿记录，再传播，对整个量子信息领域产生极大影响。威斯纳的父亲曾经是麻省理工学院的校长，两人在宗教信仰上差距极大，因此威斯纳后来移民到以色列，为了心灵的安静，还曾做过建筑工人。

几年后，查尔斯·贝内特（Charles Bennett）和密码学家吉勒·布拉萨（Gilles Brassard）在闲聊时提到威斯纳那个有前瞻性的想法，于是决定进行实验。在 1984 年，他们根据量子力学原理，发表第一个基于量子不确定性原理和不可克隆定理的量子密码分发协议，后来被称为 BB84 协议，也正式开启了 QKD 的研究。利用量子性质制作密码从此受到重视而迅速发展起来。牛津大学的阿图尔·埃克特（Artur Eckert）随后在 1991 年提出纠缠版的 QKD 协议，利用纠缠态光子的分发和测量来共享密钥，被称为 E91 协定。在 E91 协议提出之后，贝内特也提出纠缠版 BB84 协议，另外提出的一个不使用贝尔不等式的纠缠态的 QKD 协议，被称为 BBM92 协定。这些 QKD 协议是目前国际上使用最多的协议，也是量子通信的重要基础。

接下来简单介绍一下 QKD 协议的基本作业方式，QKD 利用光子的量子特性，以二进制方式编码与传递密钥。由于量子具有不可克隆性，任何窃听都会干扰量子通信系统，而收发双方都可以在信息被窃取前，立即中止通信并改变传讯内容。量子加密就好像是在肥皂泡上写下信息，任何人在传输时碰一下，肥皂泡就会破裂。不论是哪种 QKD 协议，一旦有人窃听就会被发信与收信两方知道，这就是 QKD 优于传统密钥分配的原因。

第一，BB84 协定。光子从激光发出时，形成偏振方向随机的叠加状态。艾丽斯随机采用基底组合（可以是直线基底 "+"或是对角基底 "X"）生成量子比特（0 或 1）进行编码来传送信息。当鲍勃收到信息时，事先并不需要知道艾丽斯用哪些基底编码，因此他也随机选择基底（"+"或 "X"）分别来测量每个接收到的量子态。鲍勃记录下每个选择的基底和光子测量结果，并通过经典信道向艾丽斯回报测量后光子的结果与分别使用的基底组合。艾丽斯保留双方相同的基底组合与量子测量结果，作为通信使用的密钥。图 9.3 中寄件人艾丽斯与收件人鲍勃以光纤进行量子信息的交换，另外并行的一条利用经典信道沟通测量结果，这时如果夏娃企图窃听，为了获得光子偏振信息则必须进行测量，在测量基底不同的情况下会改变光子偏振态，导致比对密钥时出现错误。艾丽斯和鲍勃可以拿出部分密钥进行比对，根据测量数据的错误率来判断是否有人窃听。如果错误率高过统计误差，则必须舍弃原有密钥，重新利用 QKD 协议取得新的密钥。当量子密钥有足够长度时，传递信息会是完全安全且不可能被窃听的。

第二，E91 协定。利用纠缠特性来保证通信安全，传递信息是使用一组由艾丽斯或鲍勃其中一个所制造的纠缠光子对，艾丽斯和鲍勃分别取得其中一个纠缠光子。由于纠缠态的两个光子有相关性，因此任何窃听都会破坏两者之间的纠缠态，艾丽斯和鲍勃只要检验贝尔不等式就会发现是否有人在窃听，进而确保量子通信的绝对保密性。双方也可通过经典通道比较结果，如果有人窃听，就会破坏纠缠结果而被轻易发现。

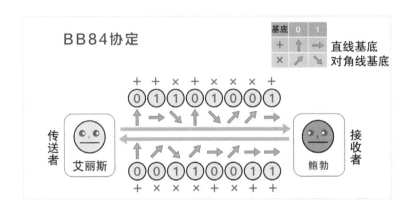

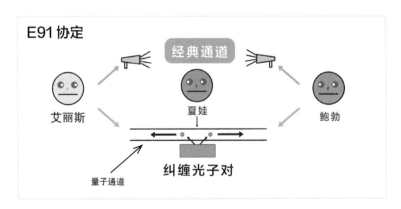

图 9.3　BB84 与 E91 量子加密协定示意图

此外，有一种通信方式与 QKD 完全不同的就是量子安全直接通信（Quantum Secure Direct Communication, QSDC）。量子安全直接通信的安全性也是基于量子不可克隆定理、量子不确定性原理以及纠缠粒子的关联性和非定域等，2000 年由龙桂鲁和他的博士生刘晓曙提出的，与 QKD 最大的不同是 QSDC 不需要事先生成密钥，而在量子信道中直接以量子态作为载体编码和传递信息[①]，改变了传统保密通信的双信道结构，不仅能够感知窃听，还能够阻止窃听。

第三节　量子通信

一、量子通信网络

现阶段的量子通信通常一般人都以为是指 QKD 技术，但 QKD 技术的核心不在于通信，而在于生成一串密钥。有了各种安全的 QKD 协议之后，更需要速度快与传得远的量子网，QKD 与量子网是构成量子通信的形与体，缺一不可。远程量子纠缠传输，是构建全球量子通信网络的基础，因为光子在光纤传输中会快速损耗，量子网的建设需要采用量子中继方案，也就是把长程纠缠传输的任务分解为多段短距离的基本链路组合起来。在基本链

---

① 龙桂鲁，王川，李岩松，邓富国.量子安全直接通信 [J]. 中国科学：物理学 力学 天文学，2011，41（4）：332—342.

路的多端点上建立量子存储器（Quantum Memory）之间的纠缠，然后利用纠缠交换技术把量子纠缠扩展至长距离量子通信网络。目前的量子网可分为地基量子网、星地量子网与天基量子网三大方向。

（一）地基量子网

由于光子与光纤通信网络的良好兼容性，光子被认为是量子通信的最佳媒介。但光子在光纤传播中的损耗随距离呈指数型增加，造成量子通信距离无法太长。一般在 100 千米左右就会有信号过弱的困扰，最近东芝开发了"双波段稳定"新技术。在光纤内，除了密钥信号之外，还同时传输修正影响的信号，创下在600 千米的光纤上传输量子信息新纪录 。传统上改善在光纤中的光子耗损，量子中继器（Quantum Repeater）被认为是克服距离限制的最佳方法。另一个可能是使用卫星在自由太空信道中发送光子，当前纪录是 1 200 千米。如何延长量子在通信网络中的传播距离，以及加强卫星与光纤网络混合使用的星地联网的效率，有待更多努力。2017 年，我国建成世界第一个量子保密通信干线——"京沪干线"；2022 年，清华大学教授龙桂鲁团队设计一种相位量子态与时间戳量子态混合编码的量子直接通信新系统，实现 100 千米量子直接通信。

（二）星地联网的量子卫星

长距离光纤传输不仅有损耗，而且会导致量子纠缠质量下降，如果用目前质量最好的光纤传送，经过 1 200 千米后，大概每 3

万年才能传送 1 个光子，根本无法做长距离的量子通信。然而，利用地表的自由空间中的量子通信又容易受到天气、地面障碍物的影响，因此使用卫星作为光量子在自由空间长距离传输是唯一选择。光子经过卫星从外层空间传送，损耗能减至万亿分之一，以目前技术 1 秒钟就能传送 1 个光子来看，很快可以累积足够的实验数据。中国科学技术大学潘建伟教授团队于 2012 年在青海湖两岸长达 97 千米的自由空间中，成功实现了世界上最远距离的量子态隐形传输，证实了量子态穿越大气层的可行性。2016年，世界第一颗量子科学实验卫星升空并成功展示星地联网，后来又进行了从我国河北到奥地利长达 7 600 千米的洲际量子通信。

（三）天基量子网

2020 年，新加坡团队利用迷你卫星在自由空间中展示量子纠缠，迷你立方星不到 2.6 千克，比一个鞋盒还小。新加坡国立大学量子技术中心的艾托尔·维拉尔（Aitor Villar）表示："未来，我们的系统可能会成为全球量子网的一部分，将量子信号传输给地球或其他航天器。"未来的量子网除了地基网络外，天空也将布满无数量子迷你卫星，形成天基网络与地基网络通过星地联网的三维全球量子通信网。中国也在研究利用卫星作为地面量子传输的中继可能性，2021 年，南京大学教授祝世宁团队发表无人机间纠缠光子的传输，希望用作移动式量子网络的节点，开启近空的天基纠缠的可能。

二、量子中继器

在长距离光纤网络上传送纠缠量子比特是一项巨大的挑战，量子不可克隆定理虽然保证无法窃听，但也使得量子信息不能像电信号一样增强信号。光纤会受到温度变化和振动的影响，也就是说，光子在长距离光纤传输中会有严重损耗。如果有一个每秒释放 100 亿个光子的光子源，在光纤中只要每千米损耗的光子为二十分之一，则在 500 千米之后，就变成 100 亿个光子的（0.95）^{500}，也就是每秒连一个光子都没有了。通过光纤向距离 1 000 千米外的地方每秒发射 100 亿个光子，要花 300 年才能接收到一个光子，因此，长距离量子通信不是很实用。经典通信可以在沿途设置许多增强信号的放大器来克服损耗问题，但是经典放大器会破坏光子的量子特性，为了达到长距离量子传输，需要有类似高速公路上的加油站的中间节点——量子中继器。这些中继器沿着量子通道放置，把长距离高损耗的传输分解成由中继器连接在一起的许多段短距离低损耗的组合量子信道。

为了传送纠缠信息，量子中继器是必要的，但量子中继器的开发目前还有很多关键技术瓶颈尚待突破。随着量子中继器的性能逐渐改善，不久可能真正在量子光纤网络中完成长距离的量子通信，到时量子互联网也将出现。量子中继器主要通过纠缠交换和量子存储器等技术实现对量子态的纠缠操纵，使量子信息传输可以传送到更远的距离，从而突破量子通信的距离限制。假设传递信息的接收方和发送方原本各有一对纠缠的光量子，它们各自送出手中的一个光量子，让两个光量子在中途的量子中继器内纠缠起来，那么收发双方手中各自拥有的原有光量子也会形成纠缠关系。但收发双方的光量子不可能同时到达量子中继器，因此在量子中继器中，必须有个量子存储器将先到达光子的量子信息储存起来。量子存储器并没有对光子做任何测量，而只是单纯内存起来，等另一个光子来后再形成纠缠交换。量子存储器使中继器得以连接两个邻近的量子光纤信道，从而可以逐步接力式地扩大，构成更长距离的量子通道，直到遥远两端点的收发双方之间可以共享纠缠。量子存储器是量子中继器的关键组件，用于内存光子纠缠态，待相邻量子存储器纠缠成功后，再执行下一步纠缠交换。许多实验室正致力于提升内存时间和获取光子的效率，希望能达成长距离量子通信网络的最终目标。

2021 年，中国科技大学团队将两个分离的量子端点比喻为"牛郎"和"织女"，在实验中让"牛郎"与"织女"借助量子中继器的"鹊桥"，直接建立起远距纠缠。"牛郎"和"织女"在未见面的情况下先分别建立纠缠光子对，而每对纠缠光子中的一个光子被传输至中继器"鹊桥"进行贝尔纠缠态检验。每次成功的贝尔纠缠态检验就代表完成一次成功的纠缠交换操作，两个相距 3.5 米的"牛郎"和"织女"（两个固态量子存储器）之间顺利建立起量子纠缠。西班牙团队也同时发表利用线缆分段与接力内存的方法，实现量子信息进行远距离传输。实验网络内以间隔 10 米的距离设置了好几个量子存储器作为传输的中继节点，相邻节点间光子顺利形成彼此量子纠缠。实验中引入标识纠缠机制，当纠缠状态形成的时候，实验设备将发出一个"先锋"光子，标志着纠缠状态的发生和信号的稳定传输。但这些实验基本上仅展示量子中继器的可行性，离长距离的实用性仍有待努力。2022 年，荷兰代尔夫特理工大学在《自然》杂志发表实验结果，演示在三节点量子网中，两个非相邻节点之间的量子信息隐形传态，向实现量子互联网迈出了重要一步。

目前正在开发的中继器主要有两种：可信中继器（Trusted Repeater）和量子中继器。可信中继器与量子中继器分别支持两种不同类型的 QKD 网络："信任节点网络"和"全量子网"。最近还有一种利用量子直接通信和经典的后量子密码的"量子与后量子混合网"也被提出。

第一，信任节点网络是将许多个短程 QKD 通信网络利用可信中继器连接起来，两个可信中继器间的短程网络可以直接使用 QKD 技术。邻近可信中继器间可以分别交换密钥，每个可信中继器都知道密钥，因此网络中每个节点必须是安全且可信任的。每个可信中继器可以分别独立执行密钥生成，并将密钥交给客户。远在网络最终两端的收发双方通过多个可信中继器，就可以使用量子通信。信任节点网络是在量子中继器没有出现前的经典与量子混合网络，也是不得已的选择，目前，中国和日本已经在使用中。信任节点网络的各个节点处，分别收集到达的光子并测量后，再重新发送正确状态的光子到网络中的下个节点处。信任节点网络只要有足够多的信任节点，就可以克服 QKD 传送的距离限制。另一个好处是在同一条通信路径中可以变换不同类型的 QKD 协议。信任节点网络的主要缺点在于传送光子在每个可信中继器上都需要测量，因此原有量子态也被破坏无遗，从而无法保障传送到接收的传输过程中绝对的安全性。从量子加密通信的原理来看，最多只能在几百千米的通信距离内确保完全安全，因为所有中继点都存在信息泄露的风险。

最近，中国在"墨子号"卫星和三个地面节点之间建立了信任节点网络，地面的可信中继器有两个在中国，一个在奥地利，已经实现星地联网的 QKD。2017 年，奥地利和中国的科学家利用星地联网举行了绝对安全的视频会议。太空中的量子通信有两个主要缺点，一是低传输率，因为在每秒从卫星发送的每 600 万个光子中，只有大约一个光子会在地面上被测量到。二是目前的"墨子号"的量子通信只能在夜间运行，因此中国国家太空科学中心希望发射信号更强的卫星在白天运行。

第二，全量子网是借助量子中继器实现端点到端点通信的绝对安全性。其方法就是两端点的量子纠缠态，借助量子中继器接收内储后再纠缠交换，实现传输量子纠缠态传递的效果。因为在量子中继器中没有任何失真或测量，所以可以提供通信的绝对安全。目前的主流方法是将光子的量子态替换为其他量子状态暂时保存，全量子网在中继点也能保持量子态，安全性更高。然而，目前的缺点是量子存储器的量子态只能维持短暂时间，因此无法长距离传递量子信息，如果未来能够长期维持纠缠态，则全量子网会是最安全的信息信道。

第三，量子与后量子混合网利用量子直接通信和经典的后量子密码，可以构造安全中继量子网络，即利用量子直接通信传输经过后量子密码加密的密文，通过经典中继建设大范围和长距离的网络。在节点处，密文具有后量子密码的保护，不依靠可信中继器，在现有条件下建设具有端对端安全的量子网络。

三、量子隐形传输与纠缠交换（Quantum Teletransport and Entanglement Swapping）

量子隐形传输的原理，是将原物体分成经典信息和量子信息两部分，分别经由经典信道和量子信道传送给接收者。经典信息是发送者对原物体进行测量后获得的信息，量子信息是发送者在测量中未提取的量子信息，接收者在获得这两种信息后，就可以依照收到的信息重新制备出原物体量子态的完美克隆品。在此过程中，传送的仅仅是物体的信息，而不是物体本身。发送者甚至可以对原物的量子态一无所知，而接收者只是将手上的粒子调整成原物体的量子态。当隐形传输的量子态是纠缠态时，隐形传输就是量子纠缠交换。利用纠缠交换，可将两个原本毫无关系的粒子纠缠起来并建立量子关联。量子隐形传输和纠缠交换可以把原物体的量子信息准确无误地传送到遥远的地方，这"鬼魅般的超距作用"与科幻片中的瞬时传送非常类似。利用量子隐形传输，可以实现超远距离的 QKD，从而为量子通信加上一把绝对安全的"量子锁"。

如图 9.4，粒子 2 与 3 是彼此纠缠，艾丽斯拿到原物体（粒子 1）后，测量粒子 1 与 2 的贝尔态，然后把测量信息通过传统信道传给远程的鲍勃。因为艾丽斯与鲍勃之间原来就有一对纠缠量子粒子对，2 与 3，所以当艾丽斯对粒子 1 与 2 做测量时，纠缠会导致粒子 3 的状态也同时确定下来。鲍勃从艾丽斯处得到贝尔态测量结果后，相对应地在粒子 3 上处理，就可以重现粒子 1 的量子状态。这个过程不是克隆原物体，而是量子隐形传输，所有信息传递仍经过传统网络，所以传送速度也没有可能超过光速，因此与科幻片中的瞬间传送是完全不一样的。

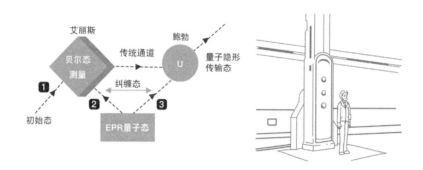

图 9.4　量子隐形传输的工作原理与科幻片中的瞬间传送

第四节　量子互联网

一、防窃听的量子互联网

量子互联网（Quantum Internet），也称量子因特网，是指各种量子组件联结在一起，通过量子网信道传递量子信息。量子互联网是一种运用量子纠缠特性等原理传输信息的互联网，基于量子的特殊性质，其是绝对安全的网络通信。众所周知，互联网是用于传递、处理和储存传统信息的全球性系统；量子互联网则可以对量子信息进行传递、处理和内存。量子比特和量子纠缠是量子互联网的基本要素。科学家建造量子计算机是为了更有效地解决特定问题，而非所有问题，量子互联网的目的也不是取代现有互联网。在实际应用中，QKD 要与密码算法结合使用，并同时通过量子信道与经典信道来完成：量子信道传输量子信号协商密钥，经典信道传送基矢比对等非量子信息。但量子互联网要从实验室走向广泛应用，需要解决两大问题，分别是现实条件下的安全性问题和远距离传输问题。通过学术界近 30 年的努力，目前点对点利用光纤的 QKD 的实用安全距离达到百千米上下，最近东芝公司报道可到达 600 千米，但实用化仍待努力。在现有技术下，使用可信中继器可以有效加长量子通信的距离。2017 年，量子保密通信干线"京沪干线"，通过 32 个中继节点，贯通全长约 2 000 千米的城际光纤量子网并顺利与量子卫星"墨子号"成功对接，构建成世界上第一个星地量子互联网。整个网络覆盖四省三市，中间除了京沪干线外，也包括北京、济南、合肥和上海 4 个量子城域网。通过两个卫星地面站与"墨子号"相连，总距离 4 600 千米，目前已有金融、电力、政务等行业的 150 多家用户。最近更是利用"墨子号"量子卫星作为中继，在自由空间通道进一步拓展我国河北到奥地利长达 7 600 千米的洲际量子通信。

2020 年 8 月，美国能源部发布《建立全国量子网引领通信新时代》的报告，提出 10 年内建成全国性量子互联网的战略蓝图，并希望借此确保美国处于全球量子竞赛中的前列，引领通信新时代。

二、量子物联网

互联网结合计算、感测和通信功能，而物联网是将各种组件通过互联网，彼此自动化地连接在一起。互联网让信息连接，而物联网则将现实世界数字人工智能化，整合网上所有对象的数字信息后设法优化。物联网的应用领域是全面性的，过去人类数千年发展出来的各种互动与交易模式，都可以用数字方式在物联网上重新展现与找出新的应用机会。尽管物联网是各界瞩目的新兴领域，但安全性与隐私性却是物联网应用受到各界质疑的主要因素。因为在所有网络上，各个节点都可能出现潜在的黑客，所以安全性一直是物联网的致命伤。量子物联网使用量子技术来做与传统物联网同样的事情，将量子计算机／仿真器、量子通信和量子传感器与量子测量结合在一起，成为量子物联网。量子物联网的优点不只是利用超灵敏的量子传感器以及快速的量子计算机，更重要的是量子物联网具有防窃听的功能，使得物联网的安全性与隐私性得到绝对保障。

三、建立量子互联网

实现量子互联网的目的是超越短距离的 QKD，充分发挥量子通信的潜力，最终走向全球量子互联网。量子互联网结合了不同的网络拓扑①，包括图 9.5 中显示的干线（Trunk）、城市局域网（Metro）、树形结点（Tree）和网格结点（Mesh）等拓扑结构。量子互联网可以使用量子中继器或可信中继器作为长程光纤网络的中继连接，量子中继器中的内存可以使用由中性冷原子、捕获

---

① 网络拓扑是指用传输介质互连各种设备的物理布局。

离子和金刚石 NV 色心等不同类型的量子存储器来完成。各种量子信息甚至量子纠缠态可以通过量子互联网直接分配给不同节点的网上用户。图 9.5 中艾丽斯在使用钡离子内存量子态，而鲍勃则使用金刚石 NV 色心的自旋内存，艾丽斯可以将拥有的量子态通过量子互联网以量子隐形传输方式传送给鲍勃。量子互联网除了可以绝对安全地传送量子信息，还可以使用量子传感器与量子计算机来从事量子精密测量、量子数字签证、分布式量子计算等。量子互联网具备三大要点：一是网络连接的设备是量子设备；二是网络传输的是量子信息；三是该网络传输的方式基于量子力学。目前即使商用量子计算机也尚未正式应用，所以要连接量子计算机的量子互联网仍是未来概念。目前各国正推动的 QKD 的量子保密通信网络就是量子互联网的雏形，最终的目标是将量子计算、量子感测和测量等功能融入进来，形成量子互联网。白宫量子构想提出，在未来 5 年中，美国将具备建立量子互联、量子中继器、量子存储器，甚至到高通量的地空三维全球量子物联网的基本能力。未来远景则是量子互联网可以实现传统技术无法实现的新功能，同时促进人类对纠缠的新应用。

美国能源部通过利用芝加哥郊区地下 30 英里长的光纤来试验交换量子信息。欧洲多个研究机构则已成立"量子互联网联盟"，计划近年在荷兰完成包含 3—4 个量子中继节点的网络演示，为未来的泛欧量子互联网勾勒蓝图。互联网的发明已将人类带入信息时代，量子互联网则将提供另一个改变世界的机会。量子计算机建造成本高昂，早期只能提供量子云端计算，而量子互联网提供各种服务，用户通过网络接到量子计算机，可以上传任务并下载结果。通过量子纠缠，许多传统计算机无法处理的问题得以解决，例如把距离遥远的原子钟互相纠缠，大幅提高时间的准确性。

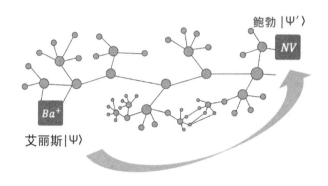

图 9.5　量子互联网的拓扑结构

小　结

一、量子物联网是否会取代物联网

量子信息产业虽然刚萌芽，但"量子物联网"的构想已然成形。中国和美国两大科技发达国家和欧盟均把"量子网"（Quantum Network）和"量子互联网"作为远景目标。量子物联网更是"第二次量子科技革命"所有技术的大一统，是量子信息传输和储存的平台，是绝对安全的量子密码的交换管道，它还能组建一台世界性原子钟，重新定义时间同步性，是实现"量子云计算"的方式。全球所有地方的用户都可以通过量子互联网而彼此纠缠，这其中的各种应用有无穷的想象空间与宽广的未来性。

二、量子物联网的未来挑战

"第二次量子科技革命"中的量子通信、量子传感器和量子计算，多应用于经典物理中没有的现象上，因此也面临许多工程与科学上的困难。量子物联网是集合所有量子组件大成的综合系统，量子物联网面对的困难远超过每个量子组件本身。理想的量子物联网类似人体结构，至少需要有量子大脑、量子感官系统、量子传输系统、量子神经元、量子内存，再加上独有的纠缠端点。量子大脑也就是通用型量子计算机，目前只有好比婴幼儿般的程度，仍有待成长。量子传感器用来准备与测量网络端点的各种状况，虽然已有相当进展，但是自动化与灵敏度也需再改善。量子通信系统则已经证明短距离是有效的，在中国已经结合可信中继器，延伸了 2 000 多千米的京沪干线。量子中继器类似神经元，可以自发性地接收与放大量子信号，目前仍然困难重重。量子存储器是必须的组件，所有节点的各种量子信息需要能够在地内存，目前只看到一点曙光。纠缠端点是量子物联网中最强大与新颖的功能，目前已经证明可行，但要任意多点长距离纠缠，则先需要将所有技术问题都解决后才有机会。真正的量子物联网要等到以上所有问题都解决后才会出现，目前仍待努力。

未来理想而完美的量子物联网是将所有量子对象利用网络十线全部纠缠在一起，包括将中小型量子计算机连接起来作为一台大型量子计算机。通过量子物联网整合而成的巨无霸型量子系统可以进行经典机器无法实现的各种事物，例如，实时模拟分子或材料的量子化学，让所有新材料与新药物可以在量子计算机中先行设计并测试，然后才去实验室合成与工厂生产。未来也会出现许多科学之外的应用，例如在选举中，量子物联网可以让选民不仅可以选择一个候选人，而且可以选择候选人的"叠加"结果，其中当然包括他们的第二个选择，量子选民可以使用经典选民无法实施的战略投票计划。量子物联网也有助于大型团体协调事物并达成共识，例如，比特币与区块链等复杂系统的实时验证。一旦所有节点用户都纠缠在一起，行政治理都可能有革命性的变化。社会体系在"去中心化"与"去中间化"后，是否会达成真正的边缘端点集体共治？这些可能都有待无懈可击的量子物联网出现后才能知道了。

纠缠密钥通信保密，也可以有效协助"牛郎"和"织女"，不用等到每年七夕才借"鹊桥"，跨过银河，互相往来，有诗曰：

郎儿呼崽烹鱼鲤，企盼穿针玉带遥，

尺素粼粼知汝意，纠缠夕巧鹊飞桥。

第十章

量子教育与世界未来

我们必须使用量子计算，才能造福下一代的未来。

——张庆瑞

在跃向未来的赛跑中，穷国和富国站在同一起跑线上。

——[美国] 阿尔文·托夫勒（Alvin Toffler）

第一节 量子常识与知识

一、量子素养从小培养

脸书（Facebook，已于 2021 年 10 月更名为 Meta）创始人马克·扎克伯格（Mark Zuckerberg）在脸书上曾经公布过一张他与太太读《宝宝的量子物理学》这本书给孩子听的照片。这显示量子时代来临后，儿童故事也在与时俱进。《伊索寓言》中，聪明的乌鸦要喝瓶中水，必须辛苦地从远处取得一颗一颗石头填进水瓶中，才可以喝到水。这个寓言通过一只乌鸦喝水的故事告诉人们，遇到困难不要放弃，要发挥聪明才智，要有突破精神，充分利用周边条件取得成功。然而时代进步了，可以使用的工具增加了，现代的父母会告诉孩子，乌鸦可以利用吸管喝水。利用石头喝水就像在使用经典数字计算机，而使用吸管喝水就像使用量子计算机，用石头已经过时了，太辛苦且效率低，所以时代在发展，儿童故事也要跟着改变才能跟上时代变化（见图 10.1）。

图 10.1 《乌鸦喝水》故事的变迁

二、有关量子的幼儿教育

美国是从三岁开始推动幼儿教育的量子常识，将量子现象当成知识灌输是困难的，幼儿时由父母将量子知识当成床边故事来对孩子进行熏陶，会更有效果。在孩子长大一点后利用不同难度的量子游戏，持续吸引他（她）进行各种量子游戏，量子常识便很容易地被引入他（她）的成长生活中。2019 年美国出版的一本给五岁以上小孩阅读的童话故事《量子比特与二歧芦荟》①（*Qubits and Quiver Trees*），书中向孩子介绍了未来 20 年中最有趣和最重要的职业，全书分为"量子比特工作"和"二歧芦荟工作"两部分，"量子比特工作"着眼于未来的发现并利用新技术，而"二歧芦荟工作"着眼于目前已经有的职业，两者是同样重要的，但同时也告诉孩子，目前尚不存在的职业或许将在某一天变

---

① 量子比特是新萌芽的科技；二歧芦荟是南非特有的一种芦荟，即将濒临绝种。

得重要，要多注意学习未来的知识与技术，更要注意不要掉入濒临消失的职业陷阱中。

量子现象在日常生活的周遭并不会出现，然而一旦量子科技时代来临，人人都会生存在充满量子产品的环境中，因此量子通识教育变成未来最重要的工作，只有具备量子素养的地球公民，才会有真正永续发展的量子科技世界。如何有效而快速地让人们具备量子素养，如何让有兴趣了解量子科技的管理阶层做出正确判断，让希望变成量子计算机专家的人有渠道正式参与，都是量子教育的重要方向。

第二节　量子游戏与量子科幻

一、量子游戏

除了童话故事外，游戏通常是任何新技术（包括现在的区块链和 AI）中的第一个实际应用场景，也是儿童实务操作的最佳训练。量子科技属于新兴技术，因此现在开发量子游戏是一个大好的时机。游戏玩家想知道强大的计算能力是否也会改变未来的游戏形态。量子计算机可以为游戏做些什么？这对游戏行业来说是一个重要的问题，但是同时也可以反过来问，游戏可以为量子计算机做什么呢？快速优化是量子的一个潜在优势，因此也渴望产生更好的量子人工智能。人工智能是游戏中非玩家可控制角色行为的重要因素，会因为量子人工智能的参与而更有挑战性与趣味性，这意味着量子人工智能所呈现的角色要比现在玩家所遇到的角色更加真实、准确和详尽。与量子计算本身一样，量子游戏刚开始发展，但研究人员和开发人员已经在努力搭建理论与现实之间的桥梁。目前刚出现的量子游戏，基本上是在一些传统游戏中直接加入纠缠特性与叠加特性。然而这并非推广量子游戏的最佳方法，由于创意与趣味的添加性不足，且玩家已经太熟悉原有的游戏，刻意在其上添加量子叠加与纠缠，无法在原有游戏之中引出量子本身的特殊吸引性。截至目前，虽然已有不少量子游戏，但市场上仍然没有真正吸引玩家兴趣的新的量子游戏出现。以下是目前一些量子游戏的范例。

迷宫益智游戏（*Qubit the Barbarian*[①]）：迷宫益智游戏也说明了量子计算的基本概念。与二进制的（1 或 0）传统计算机不同，量子计算机在量子比特上运行，可以同时以多个不同的状态出现。叠加状态是量子计算机执行任务的核心，游戏任务的执行速度远远快于经典计算机。更值得强调的是，量子计算为随机数生成打开了一扇完全不同的大门，这意味着更多不可预测的游戏地图和角色遭遇会出现于游戏之中，也会与现在游戏完全不同而对玩家产生全新的挑战。

Hello Quantum：IBM 和英国巴斯大学开发的手机游戏，简单地介绍了量子门的一些操作，玩家约 15 分钟可以通关。Hello Quantum 的规则很容易掌握，但要变成专家却很不容易。通过游

---

① 详细内容可参见：https://exca.itch.io/qubit-the-barbarian.

戏，玩家可以学习量子力学世界中的一些关键行为，并在未来进一步枳累更多量子知识。这款手机游戏程序是为四岁以上儿童设计的。

《量子扫雷器》（*Quantum Minesweepers*）：由经典的扫雷器游戏中加入量子概念后扩展而成的，主要目的是通过有趣的方式教授量子力学的独特概念。量子扫雷演示了叠加、纠缠及其非局域特征的影响。在经典扫雷器游戏中，游戏的目标是在不触发地雷状况下找出所有放置在游戏板上的数字。但在量子扫雷器游戏版本中，几个游戏板会处于量子叠加状态，游戏目的是要确定所有叠加板中地雷的精确布局。游戏中有三种类型的测量：经典测量，可使量子叠加状态坍缩；无量子相互作用的测量，可以在不触发地雷的情况下对其进行探测；以及提供非局域信息的纠缠测量。

《量子战舰》（*Quantum Battleships*）：像战舰游戏的传统版本一样，《量子战舰》游戏是在网格上进行的，每个点代表一个船舰可能藏身的地方。为了使船舰在这种真实的量子设备上运行，使用的唯一设备是：IBM 生产五个量子比特原型的量子处理器，使用 IBM 的开源 Qiskit 软件包编写的量子程序。

量子井字游戏：量子井字游戏是传统井字游戏的量子衍生版，无须复杂数学即可进入量子世界。通过游戏规则介绍量子的概念，并在游戏过程中使玩家理解其中的思维，借此培养对量子的直觉。量子井字游戏中引入量子三种现象：量子叠加、量子纠缠与量子坍缩。量子坍缩是指量子态还原为经典状态的现象，只要发生测量时就会坍缩。传统井字游戏每次在一个方格内直接标出"X"或

"O"，但量子井字游戏的玩家每次必须同时标记两个方格的量子纠缠对，而不是一个，并且每个"X"或"O"都标有数字下标（从 1 开始计数），这对有标记的"X"或"O"会彼此纠缠在一起。游戏进行到全部有标记的纠缠的"X"或"O"在井字方格中形成环状纠缠连接时，就自动产生量子测量，而直接坍缩到经典结果。这时就像盒子里的薛定谔的猫被打开一样，原来两个方格中的纠缠标记，只有一个可以存在，而此时环状连接上的所有"X"或"O"才被唯一确定出来，并且在游戏过程中不能再改变。游戏的胜负决定方式与传统井字游戏一样。但是打开薛定谔盒盖的不是完成环状纠缠结构的玩家，而是由他的对手来决定格子内是"X"或"O"，从而导致所有纠缠的方格坍缩成经典的井字游戏结局。如果碰到坍缩后的经典结果出现"X"或"O"同时连成一线时，则以"X"或"O"的下标数字总和较小者为胜者。

二、量子科幻片

一部经典的电影对人类文化有长久而深远的影响，而发挥无穷想象力的科幻电影也常对科技的未来有着意想不到的启发。20 世纪 80 年代，电影《霹雳游侠》（*Knight Rider*）中的主角迈克尔·奈特驾驶着无所不能的高度人工智能的跑车协同打击犯罪而风靡一时，如今，自动驾驶汽车已经变成街头真实的交通工具。过去许多登陆月球、火星与星际旅行的科幻片，开启了人们对未知宇宙的探索，并开阔了无数企业家的视野，使他们愿意投资太空产业来完成自己在宇宙间自由旅行的梦想，最近 SpaceX 的埃隆·马斯克（Elon Musk）、亚马逊的杰夫·贝佐斯（Jeff Bezos）及维珍航空的埋查德·布兰森（Richard Branson），纷纷投入太空飞行器的开发，人类太空旅行也逐渐变成指日可待的行程。

　　量子科幻电影是科幻电影的一种，是建立在量子科学基础上的幻想场景的电影。科幻电影吸引人的主因不在科学本身，而是其满足了人类幻想，填补了心灵空虚，甚至为人类提供永生的可能。量子科幻电影所采用的科学理论常常并不完全遵守严谨的科学事实，例如时间旅行与超能力等。科幻电影常以未来世界作为故事背景，因为量子科幻电影中的许多故事已经完全超越现代科技的能力，所以只能想象这些故事在未来世界中会发生。科幻电影容易吸引观众的原因在于可以启发人无限的想象力，并且科幻电影中的许多内容常会在未来以其他科技形式出现，例如千里眼、顺风耳等科幻能力，如今的手机已经能够达成。因此科幻电影在量子教育中也将扮演大众教育的重要角色。量子科学有几个特色是经典世界中缺乏的，因此也常出现在量子科幻电影中，典型的量子科幻电影非常多，以下仅列出最具代表性的几部及其中表达的与量子相关的基本原理。

（一）《星际迷航》（*Star Trek*）与量子隐形传输

　　《星际迷航》1966 年 9 月 8 日首次于美国全国广播公司（NBC）播出，并在之后又制作了三季。《星际迷航》描述的是柯克舰长与联邦星舰企业号（NCC-1701）舰员在 23 世纪的星际冒险的故事，其后衍生出动画影集及更多电影。星际争霸战中最引人注目的创意之一是传送器，这是《星际迷航》中一种常见的近距离旅行的方式，能将人体或物质分解为量子，并将量子传送到终点后重新组合。传送器现象只有在科幻片中或是魔术表演中可以看到。《星际迷航》中的传送器当初只是为了节省拍摄成本而由剧务想出来的点子，因为登陆外星球的场景成本远比传送器要高。《星际迷航》中柯克舰长从外星球回到企业号时，总会请斯科特总工程师使用传送器来传送。传送器的想法在某种层面上与量子隐形传输有点异曲同工之妙，只是量子隐形传输只能传送与复制信息，而非克隆物体本身。《星际迷航》中的台词"Beam me up"成了远程传送的习惯用语。这种传送门的场景后来在科幻片中被大量使用，甚至出现跨时空传送，例如《回到未来》（*Back to the Future*）系列。

（二）《信条》与多重高维次空间

《信条》是 2020 年上映的一部英国与美国合拍的科幻动作惊悚电影，电影提出几个科学幻想元素，引入重要元素在多重宇宙间进行钳形攻击。这部电影是导演克里斯托弗·诺兰（Christopher Nolan）的创新烧脑名作，讲的是改变时空、回到过去、影响未来、拯救世界的故事，其中逆转时间的想法是基于量子操作可以在多个量子比特共同展开的高维次希尔伯特空间中不断往复式操作。剧情复杂的程度连剧中演员也时常不知道自己每天到底在拍什么，一直到电影剪辑完毕才初步了解。"别试着理解它，感受它就好"，可能是观众观影时要有的心态。其实一般人接触量子科技时，也只要抱着类似心态，"别试着理解它，接受它就好"。往复式时间轮回的科幻片非常多，但是在多重空间内的时间轮

回，是在诺兰的《信条》中才真正立下典范的。影片的英文名
"Tenet"也表达了轮回与反复的思想。

（三）《蚁人 2：黄蜂女现身》（*Ant-Man and the Wasp*）与量子隧穿

《蚁人 2：黄蜂女现身》中的"幽灵"的身体在一场意外后
出现量子变化状态，因此可以穿过各种物体。电影尝试要合理化
"幽灵"可以隧穿任何物体的原因，是在她发生意外后已经变成
量子概率状态，因为是概率波，所以可以发生量子隧穿的"穿墙
术"。然而按照严谨的量子物理的波粒二象性，这在宏观世界中
是不可能发生的，因为以人类的尺寸物质波是无法在宏观体系中
被观测到的。但在科幻电影中，最常见的就是"穿墙术"，这也
是观众的最爱。其实中国古代的《聊斋志异》中也提到崂山太清
宫中王生向道士"学穿墙"的故事，甚至现今去崂山太清宫，还
会有人言之凿凿地说有一面墙就是当年王生所穿之墙。魔术与术
士也很喜欢以药丸穿瓶、隔墙取物的障眼法迷惑无知之士。

（四）心电感应与量子纠缠

《超体》（*Lucy*）是 2014 年上映的法国科幻动作电影，以法
国与中国台北作为主场景，主角露西意外吸取药品后，大脑功能
快速进化，可以有心电感应及念力，甚至有读心术可以读取他人
记忆。这种心电感应在其他科幻电影中也常用，例如《星际迷航》
中的瓦肯人特有的心电感应能力，能使其通过触摸他人脸部达成
心灵相通，分享对方的意识、经验、记忆以及知识。

　　心电感应是指不借助任何已知工具而能将信息传递给远方另一个人的现象或能力，在中国传统文化中也称"他心通"，心电感应也常被称为"第六感"，这种超级本能是通过什么方法获得的，没有人知道，也无法证实其存在。有些人喜欢把量子纠缠与心电感应连接在一起，主要是量子纠缠有远距离的鬼魅般的影响，且做量子测量后，结果也会相互影响，这些与心电感应的一些基本要素有点相似。然而量子纠缠是严谨的科学，是可控制且可重现的科学现象，这又与心电感应无法重现截然不同。但科幻影片仍然喜欢呈现这种特殊能力，对这类科幻情节的喜好，也反映出人类所期待的未来世界的轮廓。随着科学技术的发展，科学家在尝试研发一种人工智能大脑芯片，将芯片植入人脑后，即使相隔遥远，借助无线通信，人与人之间就可以产生"心电感应"。或许有一天，科幻电影中的心电感应超能力确实可以利用这种新型脑芯片出现在世界上。等这种技术成熟时，《黑客帝国》（*The Matrix*）里的科幻世界或许也可能在真实世界中出现。

　　《超验骇客》（*Transcendence*）是 2014 年的科幻电影，科学家威尔和妻子开发人工智能和量子计算机，研发永生的技术，终于突破创造出超越人脑的量子计算机。威尔死后，妻子将他的意识上传到量子计算机中，威尔奇迹般地和计算机网络连接从而重生了。当威尔有强大的智慧与能力后，变成了无所不在、无所不能的人造上帝，没有任何东西能阻挡他。《超验骇客》的创作灵感来自当代权威的未来学家雷·库兹韦尔（Ray Kurzweil）。库兹韦尔认为"永生"是人类必然的道路：第一步使用药品与补品维持长寿；第二步利用基因革命而远离疾病；第三步则是纳米革命，将纳米机器植入人体取代部分器官延长寿命。他预计到 2045 年，借助量子计算机与人工智能，人类可进化为生物和非生物的混合物而获得智慧与"永生"。目前来看，量子计算机、人工智能与脑机合一等技术快速发展，让人类"永生"的梦想将有机会成真。

第三节　量子教育

一、量子大学教育

大学教育是未来产业人才的培育关键，目前全世界都在积极发展量子科技并希望能够成立量子产业园区，但是形成量子聚落的重要条件之一便是要有足够的量子人才，因此美国宣称未来 10 年内要训练 100 万名量子工程师，日本则希望在 2030 年前能让 1 000 万人学会使用量子程序编程。量子科技人才培育的最重要地方是各国大学，因此全世界的大学教育体系已经开始引入量子教育。由于量子科技是跨越多学科的综合学问，需要科学、技术、工程、艺术与数学的基础，同时在应用领域上更需要结合各种专业知识。由于知识的复杂性与多元融合，必须出现崭新的学科才有机会训练出一流的量子科技人才。因为量子科技，全世界的教育体系在起变化，许多世界知名大学已经在 2021 年成立量子科技学系与研究所，哈佛大学最近招收量子科技博士就是其中的一个例子，清华大学成立量子信息班，中国科学技术大学也在招收量子本科生，澳大利亚的新南威尔士大学成立量子科技学系并开始招收大学生，这些都显示了大学量子教育的迫切性。为了应对新时代的量子人才需求，中国教育部也同意各大学可以申请与量子信息科技相关的大学科系。量子科技时代已经降临了，未来的量子时代正在热情召唤全球年轻人，Q 世代正要开始在量子新舞台上崭露头角。

二、量子编程竞赛

近年来 IBM、空中客车公司（AirBus）、宝马与本源量子等公司经常举办全球性的量子编程撰写比赛。比赛给对量子感兴趣的人们提供了一个良好的国际交流平台，给初学者学习与认识同侪的机会，有经验的量子编程设计师也得以大显身手。由企业界提出实际待验证的问题，再由参赛者共同提出可能的解决方案。借助竞赛，集思广益，并互相激荡出最佳结果，从而达到学术与实务双赢，更重要的是确实培养出了实际量子编程的撰写人才并促进了量子算法的进步。参与国际量子计算竞赛时，量子编程设计师设计各种不同的量子硬件，与国际优秀的量子计算专家切磋与讨论最新量子计算与应用的课题。量子编程竞赛可以为参赛的量子编程设计师提供最佳动力，并激发其所有潜力，而开源的量子编程逐步累积的结果也使得量子应用的范围空间更大。

三、Q-12 量子中学教育

美国国家科学基金会和白宫科学技术政策办公室正积极与业

内人士和学术界合作建立国家 Q-12 教育合作伙伴关系，为准备成为未来量子科技工程师的中学生提供培训。计划已经开始推动，并预计将量子教育扩展到美国全国各地的初中和高中学生。美国政府承诺在未来 10 年内与美国教育工作者合作，打造完善的量子学习环境，从课堂的实验工具到量子开发教材，建构量子职业发展的完整途径。借助各级教师与学者共同设计的材料和量子技术，课堂上的教师经由理论课程和实践活动，向学生介绍量子科技和量子职业的未来，为美国培育下一代在未来量子行业内的绝对竞争力。

2020 年，美国国家科学基金会主任说："在未来的几十年中，量子系统可提升我们国家的工业基础、经济实力和国家安全。实现这一愿景需要有在量子信息科学和工程方面接受过专业教育和培训的员工团队……与学术界、业内人士和合作伙伴机构的紧密合作，全国 Q-12 教育将提高学生的量子技术素养，参与 Q-12 培训的量子科技队伍将为未来美国竞争力带来诸多好处。"美国白宫首席技术官迈克尔·克拉特西奥斯（Michael Kratsios）也说："量子信息科学是未来必不可少的重要产业，美国必须领导世界，但是学生通常要等到大学才学习量子信息科学。美国将量子研究和开发列为优先事项，现在我们是世界上第一个向全国师生提供量子信息教育工具和资源的国家。"

美国国家科学基金会推动量子教育，其中包括建立 Q2Work，以支持量子信息科学和技术方面的师生。实施的主要方向，是经过高中量子计算的跨学科教学来培训量子计算的基础工作人员，利用夏季种子教师讲习班来开设各种量子推广活动，给中学教师提供量子教学教材内容和长期支持，使他们能了解量子信息科学和技术，并将量子知识有效地教导学生，以及引发学生对量子的好奇心。此外给 15—18 岁青少年专门撰写的高中量子计算机教材已经推行多年，试教成效已撰写成报告发表。

在量子教育规划方面，目前全世界只有美国有较前瞻且全面性的做法。由婴幼儿的量子童话故事开始，过渡到青少年的量子科幻电影与量子游戏，全面培养量子时代的公民该有的量子常识。高中之后，进阶科学教育的 Q-12 培训与大学量子教育的结合，以及完整地架构量子知识，培养量子时代所需要的科学家与工程师。相对美国而言，其他国家目前的量子基础教育仍有待加强。

四、量子伦理（Quantum Ethics）

量子科技正从 19 世纪的思想迅速发展为庞大产业，很多人担心量子科技会被滥用，形容量子科技就像二战时的曼哈顿计划，哪个国家先掌握关键技术，哪个国家就能控制整个世界。尽管量子计算仍需一段时间才能成熟，但几乎每种量子科技的新应用都对原有系统造成破坏性的侵入，现在如果不开始考虑伦理道德议题，等到真正量子霸权出现时就为时已晚。也因为量子科技的威力实在惊人，便有人敦促量子产业发展初期就应该先讨论量子伦理用途，就像人工智能与生物科技一样，应该及早定下世界伦理规范。目前，人们对量子计算是抱着既期待又怕受伤害的纠结心理在小心翼翼地推动。剑桥量子计算的创始人伊利亚斯·卡恩（Llyas Khan）说："这是一场全新的工业革命，这种权力如果掌握在野心家之手，就有可能被用来制造有害物质或以有害方式操纵人类基因组。"量子科技界也注意到问题的迫切性而提出紧急呼吁，第一步是要提高社会量子意识，建立有效的法律伦理框架，限制已发现风险的研发内容。但如何在现实世界中结合法律、道德和社会，而仍鼓励应用量子技术进行创新？答案是必须通过整合与纳米科技、人工智能及生物技术相关的伦理，考虑法律和社会风险，进而设定以人为中心的量子技术通用指导原则。

第四节　后硅谷时代的量子新世界

一、世界量子竞赛早已开始

2018 年好莱坞出品了一部科幻电影，《蚁人 2：黄蜂女现身》，电影叙述了来自量子科技的影响。电影中反派头目与女主角在抢夺缩小的实验室时有一段精彩对话非常适合描述量子科技的未来影响。

您以为我不知道您在建造什么吗？现在您可以忘了纳米科技，忘了人工智能，忘了虚拟货币，量子能源才是真正的未来。这是下一个淘金热，我要参加。

好莱坞对未来科技的敏感度与方向判断非常准确，这句经典台词清楚昭示了量子科技才是未来科技的基础，也是未来后硅谷时代的正确目标。2023 年好莱坞将更进一步推出这部电影的续集《蚁人与黄蜂女：量子狂潮》，宣告量子世纪已经降临。

经典计算机刚出现时，1943 年 IBM 的董事长托马斯·沃森（Thomas Watson）认为"全世界只需要五台计算机"。20 世纪 60 年代，IBM 投入约 50 亿美元开发大型主机 IBM System/360，约是当时 IBM 年营收的三倍。如今 IBM 一年营收约 745 亿美元，代表即使投入 2 200 亿美元开发出量子计算机也是值得的，而目前全世界投入的金额远小于此值。

因为量子科技的未来影响越来越清楚，科技发达国家的动作也越来越频繁，它们纷纷宣布参与量子科技竞争，如美国通过国家量子基本法，欧盟启动量子旗舰会议，日本推动国家型计划，中国也将量子科技列为"十四五"规划重要发展领域之一。量子科技已经如同雨后春笋，在世界上遍地生根发芽。量子的生态环境已然成形，从跨国公司开发关键性技术到初创公司的新颖想法，量子科技与量子产业"两条腿"正同时大步前进中。过去几年，由于创投业的积极支持，近年来量子计算机相关技术及应用领域快速发展，全世界至少出现了几百家以上各类型的量子科技公司。如果说 2018 年是"第二次量子科技革命"元年，那么 2021 年就是"商业量子公司上市元年"，IonQ 与 Rigetti 正式上市给商业化量子计算机带来无穷信心。量子科技市场目前已经俨然形成淘金热，国家资源、风险投资与人力快速投入这热力四射的新兴科技市场，下一个量子谷会在何处出现，将很快明朗。芝加哥最近宣称要成为美国的量子谷，取代硅谷成为新世代的量子科技重镇。加拿大滑铁卢也在推动量子谷建设，荷兰的量子三角洲（Quantum

Delta），中国安徽的量子大道上的以国盾量子、本源量子与国仪量子领军的量子园区，德国慕尼黑的量子谷，这些都展现了世界各地形成量子产业聚落的意愿与争取世界资源的强烈信心。

美国量子产业发展如火如荼，量子科技公司都在积极征才育才，目前量子计算机已经是跨领域的复杂的工程问题，需要庞大的软硬件方面的工程师人才。中国目前迫切需要政府和企业投入更多资源才不会落后于人，由政府出面培训大量人才，定位未来发展方向，成立国家级量子研发中心；率先凝聚产学研的研发能量，集中民间的金融投资动能，择定中国发展与参与的重点方向，集中力量，全面推进重点，突破领先，争取在后硅谷时代量子产业中取得领先地位。量子计算机中的关键技术，低温量子比特芯片与控制系统的研发、制造需仰赖许多新兴产业的配合。更进一步说，量子计算机供应链的开发与聚集也是未来发展的重要趋势，中国更可利用此契机进化成量子生产链结构的世界领导者。

二、"东风压西风"或"西风压东风"

中国和美国近年来积极竞争的主要领域之一就是量子科技，欧盟诸国也开始凝聚力量积极参战，九鼎之争最后谁是赢家，仍然有待观察。但是由于量子科技的影响力确实强大，一旦成功，现有科技就像鸡蛋碰石头，可能不堪量子一击。一方面，期待量子科技能尽快出现，协助解决新材料、新药物等问题；另一方面，又害怕量子科技发展太成功，会不会出现无法制衡的宇宙无敌力量。目前的状况显示，中国与美国已经是领先的科技大国，中国在量子通信领域领先于世界水平，美国则在量子计算领域傲视群雄。美国擅长的量子计算像是"矛"，中国有优势的量子通信像是"盾"，而量子传感器就像极灵敏的感官，因为范围广泛，则各有长短。"矛"有优势攻击力，"盾"有完美防护力，但仍然需要有敏感的量子传感器才能有效使用"矛"与"盾"（见图 10.2）。

图 10.2　量子计算机与量子通信的"矛"与"盾"之争

　　未来半个多世纪将进入量子科技时代，中国作为世界大国，在科技强烈变化的阶段，如何快速在各个学校及大众间推动量子教育，需要不同社会阶层与各级政府的尽快参与及资源投入。学习欧美，从幼儿到大学都能够架构出完整的量子学习网络。让中国的下一代提早进入量子生态环境，从小接触与熟悉量子常识，再逐渐转化为内在知识，进而自行终身学习。这个世纪是 Q 世代的时代，量子教育必须及早开始扎根。所有决策者必须要有前瞻的量子策略，否则当量子霸权时代来临时，必将措手不及。过去几年中，量子科技产业的快速成长令人振奋，但也令人感到可怕。振奋的是科技将会创造出更美好的生活，可怕的是如果量子计算机的技术被野心家先掌握，那么目前经典计算机的各种现有防护机制将不堪一击，世界秩序将变得一片混乱。更令人担心及惊讶的是，英国国防部最近已经采购量子计算机，进行研发智能型坦克与智能型战斗机，这是量子机器学习的另一种应用领域的可怕延伸。更因为如此，领导决策者更需要密切关注量子科技的发展，并立即进行必要投资。

小　结

有人对量子科技的竞争持保留态度，甚至怀疑其是 20 世纪后期美国与苏联争霸的翻版。然而，主要不同之处在于"冷战"只是美国与苏联间的科技战备竞赛，而量子科技竞赛目前明显已经引发全球各国政府与公司参与，其影响不仅仅在武器设施上，而是在更多民生产业的应用上。量子科技将于未来数十年内会快速地推进人类文明的再进化，量子思维也将再度冲击人文与哲学新思维。虽然社会科学家在如何结合量子论与社会科学的问题上仍有分歧，但也已经有了许多初步共识。过去社会科学主要都建立在传统世界观的基础上，未来可能需要依照量子论的思维进行思考与重构，正如亚历山大·温特（Alexander Wendt）尝试探讨量子论对以唯物论与决定论为基础的社会科学有什么可能的影响①。在量子社会科学中，人可能从来都不是完全分离的，而是纠

---

① Alexander Wendt. Quantum Mind and Social Science [M]. Gambridge: Cambridge University Press, 2015.

缠在一起的社会元素。无论是通过语言或是其他机制与共享制度，就如同微观世界中的量子，人们也是同样陷入集体纠缠困境中。另外，量子测量的顺序会影响观察结果，在量子社会科学论中相应的现象是顺序效应，即对调查问题的回答与提问的顺序强烈相关。此外，人的思维从来都不是非黑即白，反而类似量子论的叠加态，常在孟子的"性善论"与荀子的"性恶论"之间徘徊，甚至可以说像薛定谔的猫没有打开箱子之前，恶与善仅是一念之间，同时也有些类似佛家所谓的"回头是岸"与"放下屠刀立地成佛"之说。

作为现代公民，没有权利拒绝量子的相关常识，相反地，更应该积极培养自身的量子素养，正确地面对量子新浪潮。在全球"第二次量子科技革命"如火如荼地发展中，有人戏称这就是一场现代化无炮火的量子世界大战，量子计算机研发就像二战中的曼哈顿计划，只是利用实验室取代了战场，用头脑取代了枪炮，用科学家与工程师取代了士兵，但科技战争的结果可能仍然会深刻影响着世界局势！2030 年前后，普遍预期量子优势与量子霸权会逐渐在所有领域开始出现，人们的生活也将因为量子科技的成熟而更加便捷，中国必须设法在后硅谷竞赛中维持领先，但目前仍为世界量子产业发展的初期，该投入哪些量子技术的开发是很不容易抉择的。对全世界所有国家来说，量子科技是难得的机会，因为大家都刚从起跑线出发，虽然做出正确的量子发展策略是困难的，但是放弃竞赛资格更是最错误的选择。

每个国家都争相在世界量子未来的竞赛中抢占先机。在全球竞争量子优势的潮流下，中国必须积极夺取量子科技的主导权。如果在量子科技竞赛中落后，国家的技术将失去独立性，全球竞争力也将会萎缩。建立量子科技主权必须投入更多资源在量子基础研发设施上，成立国家级协调办公室，积极协调产官学研者的有效分工。制订国家级量子发展政策，鼓励私人与初创企业进入量子产业，形成上中下游的产业结构。政府必须支持企业向量子经济发展，采取税收抵免、低息融资以及免费土地等金融鼓励措施。政府不仅要培养学者和科学家，还必须培养能够在量子业务中担任关键角色的新型企业家和执行人才。

量子科学在第五届索尔维会议上已经确定了思想逻辑，第一次的重要应用就是将相对论与量子论结合的曼哈顿计划，当时全世界都在尝试研制原子弹，德国由海森堡主导，而日本的荒胜文策与仁科芳雄也都是赫赫有名的量子大将，但最后由美国主导，英国和加拿大协助进行，由尤利乌斯·罗伯特·奥本海默（Julius Robert Oppenheimer）领军的曼哈顿计划成功后，美国在广岛、长崎分别掷下名为"小男孩"和"胖小子"的原子弹而终结二战。二战后很快进入苏联与美国的"冷战"时期，"第一次量子科技革命"的世界科技战也如火如荼地拉开序幕，美国科学家先了解量子限制效应与量子隧穿效应，做出金属氧化物半导体均效应管（MOSFET）与互补金属氧化物半导体（CMOS），因此也掌握了经典计算机的关键技术，取得半导体科技世界领先与控制地位。如今世界已经进入信息大战多年，由高速计算机、传感器、人工智能与因特网共同构成的物联网，已经织成一张全球大网，全人类都在这个无形的网络中生存，生活随时受到网络的深刻影响（见图10.3）。2018年，欧盟正式组成量子旗舰研发部队，希望在"第二次量子科技革命"之后，欧洲的量子舰队能够延续索尔维会议的荣耀，让量子科技的果实能够在欧洲发扬光大，由欧洲重新织出另一张由量子叠加与量子纠缠组成的量子物联网。过去100多年的知识中心由欧洲的量子科学源泉转到了美国，使其成为世界经济、文化与科技的中心。目前全世界的隐形科技竞争方兴未艾，中国能否承接历史重任，在后硅谷时代中决战量子谷的新兴竞赛中取得主导地位？"第二次量子科技革命"在欧洲鸣枪之后，在跃向未来的赛跑中，欠发达国家和发达国家都站在同一起跑在线上，未来的世界中心会如何移动？"第二次量子科技革命"的九鼎之争尚不知赢家是谁，但是积极参与才是获得成功的最重要前提。

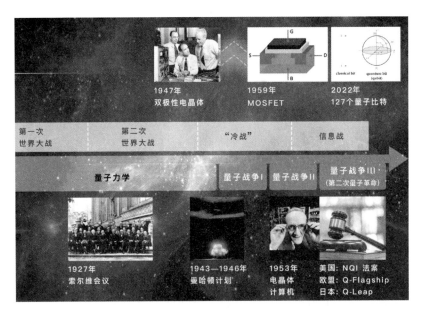

图10.3　量子科技战争路程图与世界发展的重要变化

量子的未来有无穷可能，这个世纪必然是量子的时代，西方出现的量子观念进入东方后，量子科技喜见东方，红日起时绕霞柱，波涛汹涌汇东流。有诗曰：

西来大舰泊东海，广测蠡量探巨鲸，

北讨南征矛盾子，欲争霸业状元行。

蓬莱花果蹊无径，弱水滥觞石有灵，

龙吐红霞迎旭日，风起云涌谕天明。

全球主要国家或地区量子科技发展现状

一、加拿大

加拿大是量子研究的世界领先国家之一，从 1994 年开始便支持量子计算，在量子研究上的投资已超过 10 亿美元。滑铁卢大学于 2002 年成立了量子计算研究所（IQC），近年来不断扩大规模，成为加拿大重要的量子相关技术研究机构。除了相关的量子科技基础与应用研究外，知名的量子退火计算公司 D-Wave 也在加拿大。

二、欧盟

欧盟于 2015 年举办了一场关于量子技术与工业的研讨会，在 2016 年发布量子宣言，并在 2018 年启动量子技术旗舰计划。欧盟的未来新兴技术主轴计划"Horizon 2020"中包含了量子计算机与量子计算、量子通信与量子传感器，目的是维持欧洲在量子研究方面的世界领先地位。欧盟也成立量子互联网联盟，由代尔夫特理工大学主导，计划在荷兰的四个城市之间建立全球首个光纤量子通信实验网络。欧盟委员会也敦促欧盟各成员国间合作开发欧盟首台量子计算机，提高自主开发量子技术的能力，减少对外依赖。

三、德国

2018 年，德国投入 6.5 亿欧元资金，并宣布将量子技术市场化的计划。2020 年 7 月，德国政府宣布加码 20 亿欧元资金到欧盟原有的 10 亿欧元的量子科技计划中，旨在加强量子计算机、量子通信、量子测量等关键技术的研究与开发。希望在五年内德国可以自行开发首台量子计算机，并建立量子生态圈，开发尖端应用，利用优越的量子计算能力提升德国在各产业上的优势。2021 年 6 月，IBM 公司与德国宣布合作德国量子计算计划，在德国斯图加特附近的 IBM 计算机中心内建立欧洲首台量子计算机，这是欧洲工业领域最强大的量子计算机，未来将进行新材料、新药物开发，以及人工智能运算等。德国宝马等十家主要公司联合成立量子技术与应用联盟（QUTAC），目标是将量子计算发展成真正的产业，初期着重技术、化学、制药、保险与汽车产业的发展。

四、法国

法国政府于 2020 年 1 月启动国家量子技术战略。2021 年 1 月，法国总统埃马纽埃尔·马克龙（Emmanuel Macron）投入 18

亿欧元到量子技术五年计划中，将政府在量子技术上的投资从每年6000万欧元大幅提升至2亿欧元，用于量子计算机的研究、量子传感器及量子通信的开发，希望能超越英国、德国成为世界前三的量子强国。

五、英国

近年来，英国的量子研发越来越多，2015年英国政府将超过3.85亿英镑投资到第一个五年阶段的量子研究中，主要用于研究开发灵敏的重力探测器、量子仿真器、量子计算机和微型量子时钟。英国国家量子计算中心（National Quantum Computing Centre）于2018年成立，主要用于建造量子计算机。2019年年底，第二个五年阶段，英国宣布首台商业化量子计算机将于阿宾顿（Abingdon）制造，由Rigetti Computing协助开发，并与牛津仪器（Oxford Instruments）、渣打集团（Standard Chartered）、量子软件公司Phasecraft及爱丁堡大学合作。迄今为止，英国在量子技术开发的两个阶段已投资超过10亿英镑。牛津量子计算机公司（Oxford Quantum Computer）在2021年宣布与剑桥量子计算机公司（Cambridge Quantum Computer）合作推出量子运算服务（QcaaS）。

六、荷兰

近5年来，荷兰已在量子领域投资约3.5亿欧元。量子三角洲就是以推进荷兰多处研究枢纽之间的合作为宗旨。早在 2010 年，荷兰就开始发展成为量子知识聚落，量子技术对于多数科技跨国公司早已是唯一的选择方向。初创公司如 QuSoft 及 QuTech 均有相当的成绩与规模。微软于 2019 年与代尔夫特理工大学合作推出微软量子实验室，英特尔、LG、富士通也都与代尔夫特理工大学开展不同量子项目的研发合作。

七、俄罗斯

俄罗斯于 2019 年宣布国家量子行动计划，五年内投资约 7.9 亿美元，用于打造一台实用的量子计算机，并希望在实用量子技术领域赶上其他国家。俄罗斯在研发和制造经典计算机组件方面远落后于其他国家，但量子新技术为其提供了千载难逢的"换道超车"机会，量子计算和量子人工智能是两个可能的技术突破方向。

八、日本

日本的量子科技总投资额约为 300 亿日元（约合 2.8 亿美元），日本政府于 2018 年启动量子跃迁（Q-LEAP）计划，投资量子技术三个研发方向：量子模拟与计算、量子感应、超短脉冲激光器。登月（Moonshot）计划预计投资 15 亿—20 亿日元，以实现 2050 年开发通用容错型量子计算机的目标。2021 年 7 月，日本与 IBM 共同宣布在日本的川崎企业孵化中心（KBIC）安装并启动 IBM 量子计算机，成为世界第三个引入商用量子计算机的国家。日本东京大学负责管理量子计算机，并提供给丰田、日立、东芝和索尼等量子创新倡议联盟（QIIC）成员使用。2021 年，25 家日本公司成立了量子革命战略产业联盟——Q-STAR。Q-STAR 致力于建立一个全球认可的平台，以促进日本与世界各地从事量子技术工作的其他组织的合作。日本最近宣布，首部量子运算超级计算机将于 2023 年营运，预计到 2030 年可达千万用户。

九、韩国

韩国于 2019 年启动量子运算技术开发计划（Quantum Computing Technology Development Project），5 年经费 4 000 万美元，目标是在 2023 年开发出可靠度约 90% 的 5 个量子比特（Qubit）量子计算机和仿真器，以及相关硬件和软件。

十、澳大利亚

澳大利亚为全球量子技术的领先国家，有超过 20 多年的量子研究经验。澳大利亚量子技术与发展在量子计算机与应用的相关方向是全面性的。硬件方面包括各种量子比特与控制系统，软件应用则包括量子技术于机器学习、医学诊断、信号与数据处理、金融自驾车等方面的应用。2022 年 6 月，工程师开发出由几个原子组成的量子集成电路。经过精确控制原子的量子状态，这种新处理器可以模拟聚乙炔分子的结构和特性，从而释放出新的材料和催化剂。

十一、新加坡

2007 年，新加坡成立了国家量子技术中心（CQT）进行量子科技研究，近年更是将量子技术应用于商业，涌现出许多量子科技初创公司。新加坡的中立性让各国量子科技竞争有特定的交流区域，在世界量子科技发展中有着非常重要的地位。目前在 CQT 约有 200 名科研人员，由于 CQT 有足够数量的人才，所以加速了优秀科技的产出。新加坡量子科技研发在亚洲是相对领先的。新加坡国立研究基金会（NRF）特别成立专责部门负责推动量子技术转化成商品。

十二、以色列

以色列在量子力学的基础研究上具备强大的实力。以色列将主要力量放在研发量子程序应用和软件上，并通过云端连接加入美国或其他地方的量子计算机行列，最近才开始发展量子计算机等硬件层面的技术。预计投入 14 亿以色列新谢克尔（约 4.2 亿美元）进行量子技术项目。

十三、金砖国家（BRICS）与新兴国家

对于"第二次量子科技革命"而言，全球大多数国家都属于

新兴科技产业，也就是大多数国家几乎都站在同一条起跑线上。因此，许多在半导体科技革命中未搭上科技快车的国家，这次都积极参与，希望能够搭上"第二次量子科技革命"的首发列车。虽然非洲与拉丁美洲各国也尝试组成"量子非洲"或"量子拉丁美洲"来参与量子科技，但真正有代表性的国家则是金砖国家的巴西、俄罗斯、印度、中国和南非，以及新兴科技国家代表——泰国。金砖国家在 2020 年年底宣布与俄罗斯 Rostec 国家公司共同研发量子通信。南非的金山大学（Wits University）成为 IBM 第一个非洲学术合作伙伴，并成为南非与另外 15 所大学进行学术合作的门户。印度财政部部长在 2020 年宣布，将在 5 年内向国家量子技术和应用任务拨款 800 亿卢比。2021 年，加尔各答大学和卡哈拉格普尔理工学院（IIT-Kharagpur）成为 IBM 的量子计算学术伙伴。

全球主要公司的量子科技发展现状

一、谷歌

2013 年，谷歌与 D-Wave 合作，开发 512 量子比特的 D-Wave Two 量子计算机，之后谷歌和美国航空航天局（NASA）合作开发出 72 个超导量子比特芯片 Bristlecone。2019 年 10 月，谷歌在《自然》杂志宣称达成量子霸权的重大突破，利用悬铃木（Sycamore）的 53 量子比特的量子计算机在 200 秒内取样 1 个量子电路 100 万次，完成超级计算机 Summit 耗时 1 万年才能完成的运算任务。谷歌首席执行官桑达尔·皮查伊（Sundar Pichai）表示，这次展示实验其实没有实用性，但具有类似于莱特兄弟发明了世界上第一架飞机的意义，让大家确信飞机是能飞上天空的。2020 年 9 月，谷歌再次因悬铃木研究登上《自然》杂志，用 12 个量子比特来仿真 2 个氮原子和 2 个氢原子的二氮烯分子的化学反应路径，此研究开拓了仿真量子化学与开发新物质的快捷方式。2021 年 1 月，德国制药公司勃林格殷格翰（Boehringer Ingelheim）宣布与谷歌量子 AI 部门合作，将量子运算用于疾病研究及新药研发。结合谷歌量子计算机与算法，以及勃林格殷格翰的药学设计和建模经验，借助量子运算加速药物分子动力学模拟。2021 年 5 月，皮查伊表示，谷歌将在加利福尼亚州建立量子人工智能园区，投入数十亿美元用于打造量子计算机，在 2029 年前推出百万量子比特的商用量子计算机。

二、IBM

2016 年 5 月，IBM 推出 5 量子比特的量子计算机的云端免费服务平台——Quantum Experience。IBM 在 2018 年美国国际消费电子展（CES）中正式对外展示超导量子比特的原型机，由于外形壮观精美，被现场参观者称为当代艺术品。2019 年 1 月 8 日，IBM 展示了第一款商业化的量子计算机——IBM Q System One。2020 年 9 月，IBM 推出 IBMQ Hummingbird 的 65 比特量子计算机，并发布未来量子计算机发展蓝图。IBM 已在 2021 年推出 127 比特的处理器 IBMQ Eagle，2022 年推出 433 比特的处理器 IBMQ Osprey，2023 年推出 1 121 比特的处理器 IBMQ Condor。在 2022 年 5 月，IBM 更新了量子路程图：首先，将在多个量子处理器之间建立通信和并行操作，整合传统运算资源后的量子处理器，具有抑制误差技术以及智能工作负载调度的能力；其次，为满足模块化量子运算需求，将推出芯片级短程耦合器，将量子芯片紧密连接；最后，建立各量子处理器之间的量子通信，完成真正的可持续扩充的大型量子计算机。通过建立模块化、可扩展的处理器集群，IBM 将在 2025 年推出超过 4 000 个量子比特的系统，甚至在 2025 年后将超越百万比特。

IBM 的最终目标是将量子计算机与超级计算机结合成一个系

统，进而解决国防、金融、医疗与制药等方面的问题。2021 年 4 月，IBM 宣布与克利夫兰医学中心（Cleveland Clinic）开展量子计算机的合作方案，通过量子计算机的高速运算能力，加速与防疫相关的生物医学科技研发，防范未来的疾病大流行。除了出售给克利夫兰医学中心一台量子计算机外，IBM 还出售了四台量子计算机，一台售予德国，一台售予日本东京大学，另外两台分别售予韩国和加拿大，IBM 首度将量子计算机安装在美国本土以外。截至 2022 年，包括学术机构、国家实验室、初创公司、大学和企业，已有 180 个以上的单位通过 Quantum Experience 使用 IBM 的量子计算机平台。IBM 更是宣称，未来要追求量子计算机的量子性能，包括更多的量子比特、更高的量子体积与更好的计算速度。计算速度是指每秒量子门（Quantum gate）的操作数，即 CLOPS（Circuit Layer Operations Per Second）。

三、Rigetti Computing

Rigetti Computing 专门开发量子计算机的硬件和软件。其第一款产品 Forest 于 2017 年发布，美国橡树岭国家实验室（Oak Ridge National Laboratory）用来仿真氘原子核的结构，已进行量子计算实验超过 6 500 万次。在 2020 年，Rigetti Computing 取得了 7 900 万美元的 C 轮融资，总募资约为 19 845 万美元。Rigetti Computing 也将与英国合作开发英国首台量子计算机。Rigetti Computing 已于 2022 年 3 月通过特殊目的收购公司（SPAC）的方式于美国纳斯达克正式上市。

四、Quantinuum

2020 年 10 月，Honeywell 用离子阱技术完成 10 个全连接量子比特的量子计算机——Model H1，Honeywell 也公布了未来 10 年的量子运算蓝图，Honeywell 称 3 年内推出 64 量子比特离子阱系统量子计算机。2021 年年底，Honeywell 量子运算解决方案部门（Honeywell Quantum Solutions）与剑桥量子运算（Cambridge Quantum）合并，合并后的新企业被命名为 "Quantinuum"，是全世界最大的量子运算公司。

五、IonQ

IonQ 于 2015 年由马里兰大学及其合作者成立，获得 200 万美元种子资金。2018 年，该公司成功建造了两台离子阱量子计算机，2020 年推出 32 量子比特的量子计算机。IonQ 这家量子初创公司，从 2015 年成立，到 2021 年 3 月正式宣布通过 SPAC 在纽约证券交易所上市。短短 6 年，IonQ 从一家市值 200 万美元的初创公司发展到市值高达 20 亿美元的独角兽公司，是世界首家量子运算的初创上市公司。然而，在 2022 年 5 月，Scorpion Capital 公开声称 IonQ 的 32 量子比特的量子计算机的说法有问题之后，造成了 IonQ 的股价迅速暴跌。目前有关 32 量子比特的疑义，仍有待时间验证，但这也显示出了量子初创公司的科技成效，与大众对真正商业化的认知仍有巨大差异。

IonQ 于 2021 年推出可重构多核量子架构（Reconfigurable

Multicore Quantum Architecture，RMQA）技术，单芯片上有 4 条 16 个离子阱链，每个链都可以动态配置到量子计算核心中，为达成单芯片上 1 000 离子以及并行多核量子处理奠定基础。为了透光以及避免硅基芯片的杂乱电场，IonQ 使用玻璃芯片所呈现的量子计算效果甚佳。

六、英特尔

英特尔于 2020 年 2 月发布针对量子运算超低温环境设计的控制芯片 Horse Ridge，将现行复杂的控制电子设备简化，并同时优化量子比特，增加量子系统的扩展性。目前英特尔提出的技术可以将在 1.1 K 左右的电子元器件与在 10^{-2} K 的量子比特有效隔离开，因此把量子比特和控制电子元器件置于同一芯片的制程将变得简单，这是百万量子比特量子计算机不可或缺的关键技术。2022 年 4 月英特尔宣布，与荷兰 QuTech 合作组建量子研究单位，利用英特尔在美国俄勒冈州的工厂，在 300 毫米的硅晶圆上成功制造量子比特。新制程所使用的先进半导体制造技术，包括用来生产硅自旋量子比特的全光学微影技术，以及生产英特尔最新代互补式金属氧化物半导体芯片，都是现行工厂设备，晶圆良率已超过 95%。

七、美国超威半导体公司

美国超威半导体公司在 2021 年推出传统的单指令流多数据

流（Multi-SIMD，Single Instruction Multiple Data）方法，使用量子隐形传态来提高量子系统的可靠性，同时减少计算所需的量子比特数量。主要是为了缓解因系统不稳定引起的计算误差，量子态对环境非常敏感，即使最轻微的影响也可能导致退相干。往往随着系统中量子比特的增多，量子系统的敏感性也会增加。美国超威半导体公司的设计旨在跨区域链接量子比特，使理论上需要顺序执行的工作能够以无序的方式进行。这方法可改善量子计算机的可扩展性，进而更接近商用量子计算机的目标。

八、微软

微软主要利用拓扑量子比特来开发量子计算机。拓扑量子比特不受环境中的变因影响，可减少错误修正程序。但目前仍存在许多技术瓶颈，为了降低研发风险，微软已经开始与IonQ、Honeywell 和 QCI 合作。同时也与 Azure Quantum 平台合作，平台开发人员可以使用微软的量子开发工具组撰写并执行的量子运算程序。微软一直赞助荷兰代尔夫特理工大学教授 Leo Kouwenhoven 和哥本哈根大学教授 Charles Marcus 研究拓扑量子比特，然而在 2021 年 Kouwenhoven 教授又宣称，2018 年他在《自然》刊载的实验结果有误，并无法证明拓扑量子态的存在。2022 年微软的 Azure Quantum 团队又再度宣称，可以产生拓扑超导相及其伴随的马约拉纳零能模，突破构建可扩展式量子计算机的重要障碍。

九、PsiQuantum

　　将光子当成量子比特的量子初创公司。2021 年 5 月，PsiQuantum 和晶圆代工厂格罗方德（Global Foundries）宣布携手打造 PsiQuantum 的 Q1 系统，也就是全球首台 100 万量子比特以上的量子计算机。显示半导体的制程在硅晶圆上可以制造量子计算机所需的硅光子和电子芯片，这是量子和半导体合作的重大突破。2021 年 7 月，PsiQuantum 宣布募得 D 轮资金 4.5 亿美元来生产下一代量子计算机，2016 年至今，PsiQuantum 共募得 6.65 亿美元。

十、Xanadu

　　Xanadu 是一家加拿大的量子公司，于 2016 年成立，以开发光量子计算机为目的。2020 年 Xanadu 宣布，发展成功可程序设计光子量子芯片，并正式提供 8 量子比特或 12 量子比特的光量子计算机供大众使用。

十一、QuEra

　　由哈佛大学与麻省理工学院联合超冷原子中心组成的初创公司，已开发出冷原子的量子计算机，被称为"可程序设计量子仿真器"，该特殊类型的量子计算机能够运行 256 个量子比特，可以实现的量子态数量超过了太阳系中的原子数量。

十二、ColdQuanta

该公司是研究用于量子计算、传感和网络的冷原子量子技术的公司。该公司的技术专注于改进定位和导航系统，并提供冷原子实验、量子模拟、量子信息处理、原子钟和惯性传感产品。云端提供冷原子量子计算机 Hilbert，团队的目标是到 2024 年达到 1 000 个量子比特，在室温下具有强大的连接性、保真度和小型化。

十三、国仪量子

杜江峰院士领军的总部位于合肥的国仪量子，主要开发量子精密测量仪器。量子金刚石 NV 色心单自旋谱仪、量子金刚石 NV 色心原子力显微镜、金刚石 NV 色心量子计算教学机等仪器，是全球首创的独家产品，面临的竞争较小。而电子顺磁共振波谱仪、扫描电子显微镜等产品，主要目标则是在中国自制自销。

十四、国盾量子

国盾量子由潘建伟院士主导，在中国科创板挂牌，首日股价成长率触及 1 000%，实现科创板挂牌首日最大成长率。国盾量子创办团队拥有多位知名物理学家，包括中国"量子之父"潘建伟。公司主要从事量子通信产品的开发、生产和技术服务，包括金融、电子、通信等多领域，参与过京沪高铁量子保密通信干线和"墨子号"量子卫星的技术服务，超过 6 000 千米实用化光纤量子保密通信网络均使用国盾量子公司的产品。近年来，国盾量子也开始发展量子计算机。

十五、本源量子

由郭光灿与郭国平带领的约 300 人团队——本源量子，专注量子计算领域开发，是中国第一家研发、推广和应用量子计算机的创新公司。对标 IBM、谷歌、英特尔等国际巨头，进而打造中国第一家面向产业化和应用的量子芯片实验室，努力建成国际先进的量子芯片专用的微电子研究中心。目前，本源量子已研制出量子比特处理器玄微 XW B2-100、量子测控一体机 OriginQ Quantum AIO，并且上线了本源量子计算云平台、自主开发的量子编程语言 QRunes、量子编程软件开发工具 QPanda 等产品。

十六、量旋科技

由哈佛大学毕业的专业人士组成的初创公司团队——量旋科技，位于深圳，目前已有 NMR 的 2 比特的"双子星"教学量子计算机上市，优点是可以在室温下操作。量旋科技目前正在开发 7 比特的"金牛座"，并针对学校和大学，公布低于 5 000 美元的桌上型 2 比特"双子星"量子计算机的计划。

十七、玻色量子

玻色量子是由斯坦福大学毕业的专业人士组成的光量子初创公司，预计于 2023 年商业化生产相干伊辛机（Coherent Ising Machine，CIM）相干量子 AI 协处理设备，采用相干光脉冲相位编码量子比特，并通过控制器对脉冲进行相互注入，实现复杂的组合优化问题的计算，以及量子神经网络的训练和预测。

十八、图灵量子

图灵量子由剑桥大学毕业、现任教于上海交通大学的金贤敏教授创立，展示过铌酸锂薄膜（LNOI）光子芯片，结合这种光子芯片体系，可同时涵盖三维和可程序设计的芯片的能力。目标是实现有百万量子比特的操纵能力、低环境要求、高集成度的通用光量子计算机。

十九、启科量子

启科量子专注于量子通信设备制造与量子计算机开发，2020年启动了分布式离子阱量子计算机的研发，将推出中国第一台离子阱量子计算机工程机 AbaQ-1，预定于 2023 年完成量子体积可达到 1 亿以上的超百量子比特分布式离子阱量子计算机。在量子计算应用方面，启科量子已与保险、证券、新药研发，以及加解密等领域的头部企业建立合作关系，构建市场生态。

二十、华翊量子

华翊量子专注于离子阱量子计算，创始团队均来自清华大学量子信息中心，由段路明教授主导。华翊量子将在近期实现百量子比特以上的商用量子计算机，并在未来几年内逐步将量子比特数量提升到数千甚至数万。

二十一、富士康

富士康旗下的鸿海研究院成立"离子阱实验室"，预计在5年内推出5—10比特的开源、可编码离子阱量子计算机，作为中长期可扩展量子计算机的平台原型。